KINFOLK

TRAVEL

KINFOLK

TRAVEL

킨 포 크   트 래 블

JOHN BURNS

세 계 를 바 라 보 는
더 느 린 방 법

MASTHEAD

EDITOR IN CHIEF
존 번스

ART DIRECTION & BOOK DESIGN
스태판 선드스트롬

EDITOR
해리엇 피치 리틀

DESIGN ASSISTANT
줄리 프로인트 폴센

PRODUCTION MANAGER
주자네 부흐 피터슨

DISTRIBUTION MANAGER
에드워드 매너링

ILLUSTRATIONS
로렌소 프로비덴시아

JACKET PHOTOGRAPHY
앤서니 블래스코, 코리 우슬리

SELECTED CONTRIBUTORS

이만 알리
영국 런던과 오만을 기반으로 활동하는
비주얼 아티스트. 2020년
'피메일 인 포커스' 상을 받았다.

앤서니 블래스코
미국 오하이오 출신의 사진작가.
《애틀랜틱》,《뉴요커》,《빅토리 저널》 등과 작업한다.

스테파니 다르크 테일러
여행 가이드북 작가.
베이루트의 스타트업
설립자이기도 하다.

루이스 데스노스
프랑스 파리에서 활동하는 사진작가.
2016년 예르 페스티벌 최종 후보에
이름을 올렸다.

아사프 이니
이스라엘 텔아비브에 거주하는
사진작가이자 비주얼 아티스트.

테리 헨더슨
《비모어아트》의 스태프 작가이자
블랙 콜라지스트의 창립 이사.

모니샤 라제쉬
영국 런던에 기반을 둔 저널리스트.
『80대의 기차로 세계 일주
Around the World in 80 Trains』의 저자.

트리스탄 러더포드
6번의 수상 경력에 빛나는 여행 작가.
《토닉》의 편집자이기도 하다.

CONTENTS

URBAN
도시

WILD
야생

TRANSIT
교통수단

들어가며

Introduction

당신이 어디에 사느냐에 따라 이 책에서 소개한 목적지가 멀게 느껴지기도, 가깝게 느껴지기도 할 것이다. 하지만 여행은 목적지가 중요한 게 아니다. 이 책은 장소가 아닌 발견의 태도로 여행에 접근한다. 즉 어디로 갈 것인가가 아닌, 어떻게 여행할 것인가에 초점을 맞춘다. 집에서 20킬로미터 떨어진 곳으로 떠나는 여행이 2만 킬로미터 떨어진 곳에 가는 것만큼 영감을 줄 수도 있기 때문이다.

이 책은 또한 세상을 천천히, 느리게 바라볼 것을 권한다. 세상의 모든 것을 차분하게 깊이 바라보자. 덜 움직이면 더 많이 볼 수 있다는 말이 낯설게 느껴질지도 모르지만, 천천히 여행하면 주변 환경과 사물을 좀 더 깊숙이 들여다볼 수 있다. 이는 당신과 당신이 만나는 사람 모두에게 의미 있는 일이 될 것이다.

이 책은 그리스, 아이슬란드, 칠레, 아랍에미리트와 뉴질랜드에 이르기까지 6대륙에 걸친, 27개 도시로 우리를 안내한다. 최고의 호텔이나 레스토랑, 명소를 안내하거나 그에 대한 정보를 알려주는 책은 아니다. 현지 가이드가 간단한 활동을 소개할 뿐이다. 우리가 제안하는 장소와 추구하는 방향이 독자 모두에게 매력적으로 다가가지 않을지도 모른다. 독자마다 취향과 원하는 바가 다를 테니 말이다. 그저 이 책이 여행에 대해 좀 더 깊이 생

각해볼 기회를 선사하면 좋겠다.

이 책에 나오는 현지 가이드들은 공통적으로 자신들이 '집'이라고 부르는 장소에 끈끈한 유대감을 보인다. 매일을 삶의 첫날인 것처럼 가꾸며 쌓아온 결과다. 도시든 야생이든 자신이 사는 세상의 한구석으로 기꺼이 우리를 초대하고, 그 안에서 발견한 개인적이고 은밀한 세계를 소개한다. 미술관을 어슬렁어슬렁 돌아다니고, 서점을 둘러보고, 자전거를 타고, 조류를 관찰하고, 뚜벅뚜벅 걷고, 와인 한잔을 즐긴다. 이런 친절하고 다정하고 관대한 탐험 방식은 집 근처에 있든 자연 속에 있든 항상 새로운 것을 발견할 수 있다는 사실을 일깨워준다.

교통수단을 다룬 장에서는 새로운 경험으로서의 교통에 초점을 맞춘다. A에서 B로 이동하는 여러 방법 중에서 좀 불편해도 더 오랫동안 기억에 남는 방법을 선택하면, 수단으로서의 이동이 아닌, 이동 그 자체로 목적이 된다고 우리는 믿는다.

우리가 『킨포크 트래블』에서 세계를 탐험한 방식 중 최소한 한두 가지를 다음 여행에서 적용해보면 좋겠다. 가까운 곳에서 즐겨도 좋다. 여행은 그만큼 간단하다. 진정한 여행은 우리 자신을 찬찬히 돌아보고, 그 순간을 오롯이 느끼며 나와 주변 사이의 간격을 메울 새로운 방법을 찾는 것이니 말이다.

PART ONE

URBAN

도시

교통수단, 음식, 특이한 문화들까지. 도시의 숨겨진 면면을 발견하고
이를 오롯이 즐기는 것이야말로 여행을 제대로 즐기는 가장 좋은 방법이다.

대도시 교외와 베드타운에 지어진 주택단지는 기존 파리의 건물과는 다른 모습을 보여준다.
이탈리아 출신으로 파리가 제2의 고향인 인테리어 디자이너 파브리지오 카시라기Fabrizio Casiraghi에게,
독특한 건축학적 특징을 지닌 이런 거주지들은 무척이나 인상적이다.

파리 교외의 풍경

The Suburban Sights of Paris

파리의 건축은 우아한 오스만 양식이 도드라진다. 이런 화려한 건물의 실루엣 아래에는 이 도시의 낭만적인 역사가 숨어 있다. 밀라노에서 태어나 파리에서 활동하는 인테리어 디자이너 파브리지오 카시라기는 도시계획을 전공했다. 그는 프랑스의 중요한 자산은 '과거에 대한 존중'이라고 생각한다. "퐁뇌프다리에서 센강을 내려다보면 정말 환상적입니다. 영화에도 자주 나오는 최고의 풍경이지요."

하지만 카시라기의 건축학적 시금석은 파리의 외곽 지역에 있다. 바로 스페인 건축가 리카르도 보필이 누아시르그랑 교외에 표현한 놀랍고도 거대한 아브락사스 공동주택이다. 마른 라발레에 위치한 이 건물은 파리 외곽에서 RER A 열차로 동쪽으로 1시간이면 갈 수 있는 거리에 있다. 카시라기는 그곳에 처음 가보고 그 순수한 모습에 커다란 충격을 받았다. "자기 자신이 아주 작게 느껴질 것입니다. 마치 원근법을 온몸으로 체험하는 것과 같다고 할까요. 이는 스스로 새로운 모습을 발견하기 위해 때때로 필요한 감정이지요."

보필의 유토피아적 건물은 기존의 파리 생활에 대한 대안 그 자체를 상징한다. 아브락사스 공동주택은 〈헝거게임〉, 〈브라질〉 등 디스토피아 영화의 배경이 되었다. 보필은 외국인이기 때문에 프랑스 전통이나 규정에 얽매일 필요가 없었고, 그 때문에 보기만 해도 스릴이 넘치고 짜릿한 건물을 건축할 수 있었다. 그가 지닌 팽창성은 파리의 수축한 밀도와 보수적인 균질성과 비교해봤을 때, 일종의 발산과 같다. 보필의 건물이 지닌 가치는 영감을 불러일으키는 새로운 공간 감각으로, 도심의 엄격한 획일성과는 근본적으로 다르다.

아브락사스 공동주택은 파리를 중심으로 한 수도권 지역인 일드프랑스에서는 시각적으로 독특하며 규모도 남다르다. 그래서 카시라기는 아브락사스 공동주택으로 가는 여행을 10대 시절 처음으로 뉴델리에 갔던 때와 비유하곤 한다. 그는 뉴델리에서 일종의 감각적인 과부하를 경험했다. 이런 미학적 충격은 엄청나게 큰 규모에서 비롯되었다. 카시라기는 이렇게 말한다. "보필만이 할 수 있는 일, 그것은 그가 가진 큰 강점이자 능력입니다. 그의 건물은 그리스의 신전처럼 하나의 예술 작품 같아요. 모든 게 신고전주의적입니다. 또 거대하지요! 아고라를 따라 걷는 건 대로를 따라 걷는 것과는 완전히 차원이 다릅니다."

'방리외'로 알려진 파리 외곽의 드넓은 영지는 원래 20세기 후반에 이민자를 수용하고 격리하기 위한 곳이었다. 이 프로젝트는 '빌 누벨', 즉 신시가지라는 유토피아적 서사 아래 구상되었지만, 결국 실패하고 말았다. 이는 일종의 명백한 타자화에서 비롯되었다. 즉 사회경제적 요인과 실용적인 측면을 고려하

지 않았으며, 기존의 프랑스 디자인 및 라이프스타일과의 연속성을 무시한 결과다.

카시라기는 방리외 건물 대부분이 "도시와 어우러지지 않은, 건축적 가치가 없는 끔찍한 상자"라고 말한다. 보필은 그곳에 새로운 도상학을 적용했을 뿐만 아니라, 대도시 생활을 개념화했다. 즉, 인종, 사회, 경제 및 세대를 한데 뒤섞었다. 보필은 사회학적 연구를 바탕으로 계층간 혼합이 필요하다고, 이민자 커뮤니티의 일정 비율이 거주지 내 프랑스 현지 커뮤니티와 연결되어야 한다고 주장했다. 카시라기는 이것이야말로 잘 적응된 도시 생활의 핵심이라는 데 동의한다.

파리 교외에는 가볼 만한 곳이 많다. 낭테르에 위치한 스테인리스스틸 주거용 건물로, 최근 수백만 유로를 들여 대규모 개조 공사를 마친 투르 아요 시테 파블로 피카소, 쿠르브부아에 위치한 피라미드 모양의 아파트 건물인 다미에 드 라데팡스, 크레테유에 있는 슈 드 크레테유 등이 대표적이다. 참고로 '슈'는 프랑스어로 양배추를 뜻한다.

파리의 장식 전통과 밀라노의 절제가 뒤섞인 세련되고 절제된 미학 덕분에, 카시라기는 안목 있는 디자인을 창조할 수 있었다. 그 결과 오트 마레의 르메르와 겐조 부티크, 7구의 레스플라나드 카페, 2구의 드루앙 레스토랑이 탄생했다. 카시라기는 이렇게 말한다. "저는 파리에서 가장 화려하고 유행에 민감한 9구에 살고 있습니다. 제가 사는 동네에는 사회주택 건물이 두 곳 있어요. 200만 유로짜리 아파트 옆에 사회주택을 짓는 건 정말 근사해요. 똑같은 배경의 사람들이 획일적으로 사는 건 그다지 좋지 않다고 생각해요."

오늘날, 이러한 방리외 프로젝트들이 특별히 긍정적인 결과를 낳았는지 여부는 논쟁의 여지가 있다. 물론 시행되지는 않았지만, 2006년에 아브락사스 공동주택 단지를 철거할 계획도 있었다.

프랑스는 자신의 유산을 무척 자랑스럽게 여기고 잘 보존하는데, 특히 건축 영역에서 가장 열정적이다. 주민은 물론 여행객 역시 우아함과 기품을 지닌 파리의 신화가 21세기에도 그대로 유지되기를 바란다. 하지만 파리는 야심에 찬 도시계획을 실행하는 중이다. 즉, 소외되고 낙후한 방리외와 중앙 구역 사이의 격차를 해소하려고 한다. 이런 계획은 아마도 새로운 문화를 꽃피우는 계기가 될 것이다.

카시라기는 아브락사스 공동주택에 대한 보필의 원래 비전이 더 잘 유지되었다면 이 복합단지가 파리의 오랜 랜드마크인 팡테옹에 버금가는 명소가 될 수 있었으리라고 믿는다. 파리처럼 과거 속에 멈춰 있는 듯 보이는 곳에서도, 그 가치와 아름다움은 변화할 수 있다. 카시라기는 웃으며 이렇게 말한다. "1구 또는 2구에 사는 사람은 18구에 가고 싶어 하지 않아요." 더 나아가, 누아시르그랑을 꺼리는 마음은 훨씬 더 클 것이다. "하지만 사람들은 프랑스 한복판에서 스위스 건축가 르코르뷔지에가 만든 롱샹 성당으로 여행을 떠납니다. 그렇다면, 그 사람들이 누아시르그랑에 안 가리라는 법이 있을까요?"

왼쪽
—
베르사유 근처 생 캉탱 앙 이블린에 자리
잡은 아르카드 뒤 락. 이곳은 파리 북역
에서 기차로 1시간 남짓 거리에 있다. 사
회주택은 건축가 리카르도 보필이 프랑
스에서 완성한 첫 번째 프로젝트였다.

위
—
카시라기가 보행자 전용 구역인 아르카
드 거리를 걷고 있다. 아파트 블록은 전
통적인 프랑스 정원의 산울타리를 본떠
설계했다.

"자기 자신이 아주 작게 느껴질 것입니다. 마치 원근법을 온몸으로 체험하는 것과 같다고 할까요.
이는 스스로 새로운 모습을 발견하기 위해 때때로 필요한 감정이지요."

위

파리 샤틀레 레 알 역에서 기차로 30분
거리에 있는 투르 아요. 1600개 이상의
아파트로 이루어져 있다.

오른쪽

투르 아요의 아파트를 하나로 묶는 것은
이곳의 독특한 창문 디자인이다.

위 오른쪽
—
스페인 예술가 미겔 베로칼의 조각 작품
〈피카소를 위한 사라반드〉. 피카소 아레
나의 장식 중 하나다. 사람들은 이따금 이
사회주택 단지를 '카망베르'라고 부르기도
한다.

오른쪽
—
1980년대 중반 마누엘 누네즈 야노프스
키가 설계하고 만든 피카소 아레나. 파리
샤틀레 레 알역에서 기차로 25분 거리에
있다. 누아시르그랑에서 가장 인상적인
장소다.

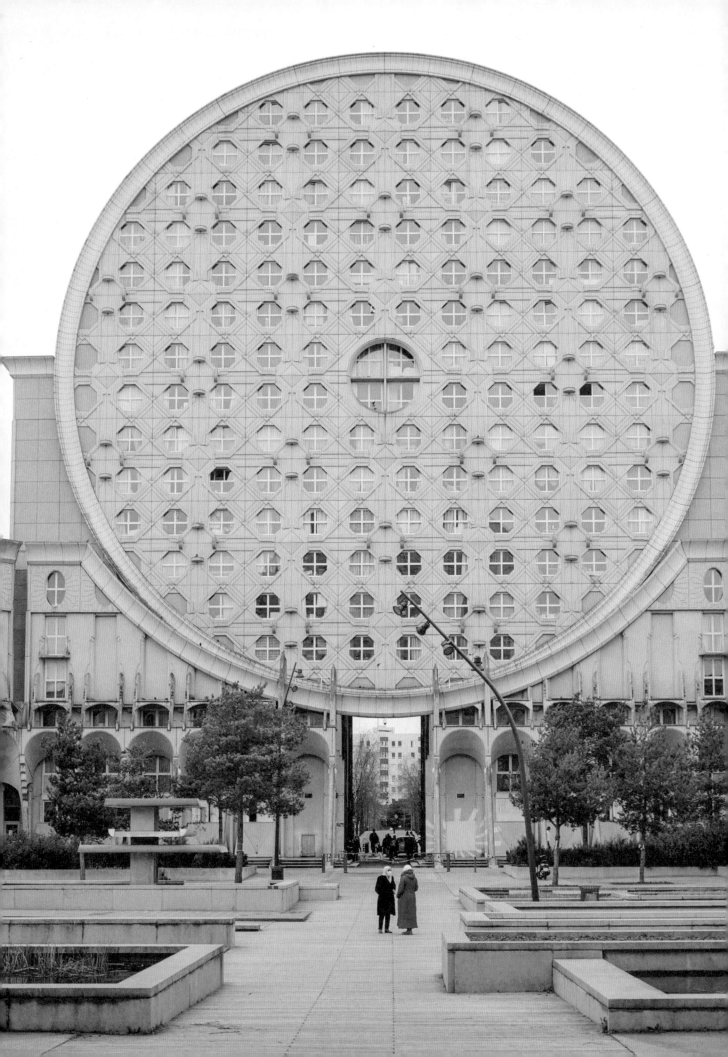

1

투르 아요 시테 파블로 피카소
LES TOURS ALLAUD CITÉ PABLO PICASSO

라데팡스에 위치한 높이 솟은 강철 첨탑은
기존에 우리가 알던 파리와는 전혀
다른 분위기를 풍긴다. 파리의 유명한
상업지구 외곽에는 흰색, 분홍색 및 파란색
무늬가 도드라진 아요 탑Tours Aillaud이
있다. 이 탑은 구름타워라는 별명으로
더 유명하다.

Nanterre, Paris

2

다미에 드 라데팡스
LES DAMIERS DE LA DÉFENSE

1960년대에 지은 피라미드 모양의
아파트 건물. 브루탈리즘 애호가,
그리고 계속해서 퇴거 명령에 저항해온
세입자 두 명을 포함한 많은 사람이
애정 어린 시선으로 이 건물을 바라본다.
바둑판 모양의 건물 외관을 높이 솟은
첨탑으로 바꾸려는 문화재단에게
이 아파트 건물은 눈엣가시 같은 존재다.

Courbevoie, Paris

3

아브락사스 공동주택
LES ESPACES D'ABRAXAS

보필은 아브락사스 공동주택을 도시 기념
물로 생각한다. 도심의 신고전주의
양식에서 영감을 받은 처마 장식과
화려한 기둥 디자인이 특징이다.

Noisy-le-Grand, Paris

4

아르카드 뒤 락
LES ARCADES DU LAC

보필이 1981년에 교외에 지은 저소득
주택단지는 두 개의 건축 프로젝트에
대응하여 설계되었다. 즉, 1960년대
스위스 건축가 르코르뷔지에의
을씨년스러운 백색 주택 프로젝트
그리고 인근 베르사유 궁전의 화려함이
바로 그것이다.

Montigny-le-Bretonneux, France

5

시테 뒤 파르크
CITÉ DU PARC

하늘에서 보면, 파리의 이브리쉬르센
교외에 있는 이곳 주택단지는 언뜻
보기에 주변과 어울려 보이지 않는다.
뾰족한 콘크리트 톱니가 기괴하게
보이기도 한다. 그러나 좀 더 자세히
살펴보면 그 구석과 틈으로 녹음이
우거진 발코니와 집을 찾을 수 있다.

Ivry-sur-Seine, Paris

6

오르그 드 플랑드르
LES ORGUES DE FLANDRE

19구에 있는 네 개의 브루탈리스트 타워인
오르그 드 플랑드르, 즉 '플랑드르 오르간'
의 이름은 전주곡, 푸가, 칸타타 및 소나타
와 같은 작곡 기법의 이름을 따서 지었다.
이곳은 마치 물결처럼 움직이는 듯하다.
한쪽은 거리에 기대어 있고,
그 위로는 나선형으로 올라가는 계단이
있다. 타워를 식별하기 위해 브루탈리스트
원칙에 따라 기능 번호를 붙였다.

24 Rue Archereau, Paris

7

시테 퀴리알−캉브레
LA CITÉ CURIAL-CAMBRAI

이곳은 발코니가 서로 맞물린 구조로
이루어져 있다. 건물의 한 모서리가 다른
모서리와 연결되어 있어, 마치 수직의
미로처럼 보인다. 이 구조 때문에 이 블록이
수많은 벽으로 분할된 수십 개의 별도
아파트로 구성되어 있다는 사실을
곧잘 잊게 된다.

Curial-Cambrai, Paris

8

슈 드 크레테유
CHOUX DE CRÉTEIL

파리에 '아스파라거스'가 있다면(1887년
에펠탑이 처음 생겼을 때 파리 사람들은
아스파라거스라는 별명을 붙였다),
크레테유 교외에는 '양배추'가 있다.
이곳에는 1970년대에 지은 15층 높이의
흰색 타워 10개가 우뚝 솟아 있다.
잎사귀 모양의 발코니에서는 전망을
감상할 수 있다.

Creteil, Paris

도시의 거리를 힘차게 질주하는 건 언뜻 느린 여행에 반대되는 것처럼 보일 수도 있다.
그러나 달리기는 대한민국의 수도 서울을 탐험하는 가장 좋은 방법이다. 적어도 이곳에서
달리기 클럽을 만든 제임스 리 맥퀀James Lee McQuown에게는 그렇다.

서울의 거리를 달리다

Running the Streets of Seoul

세계적으로 손꼽히는 대도시 서울은 언뜻 보기에 '러너스 하이'에 도달할 가능성이 그다지 높지 않은 곳 같다. 도심의 인도는 행상인과 보행자로 발 디딜 틈이 없다. 러시아워가 되면 도로는 자동차로 꽉 막히기 때문이다. 하지만 이곳의 러너들은 이런 혼돈이야말로 두 발로 달릴 때 비할 데 없는 안도감을 만끽하게 해준다고 말한다.

10년 전만 해도, 달리기는 대한민국의 트렌드가 아니었다. 하지만 언젠가부터 달리기 인구가 엄청나게 늘어났고, 달리기를 둘러싼 문화도 늘어났다. 이 과정에서 한 명의 언더그라운드 디제이가 나름대로 한몫했다.

2013년, 음악가와 예술가로 이루어진 6명의 멤버는 처음에는 단순히 과음으로 망가진 건강을 회복하고 생활에 균형을 맞춰보고자 클럽에서 길거리로 영역을 넓혀보기로 했다. 이들은 자신들의 그룹을 'Private Road Running Club'의 약자인 'PRRC'라고 불렀다. PRRC는 친구들의 비공식적인 모임으로 출발했지만, 점점 더 많은 사람이 참여 문의를 해오자 대중에게 문을 활짝 열었다.

서울에서 모델 겸 디제이로 활동하는 38세의 PRRC 공동 설립자 제임스 리 맥퀀은 이렇게 말한다. "커뮤니티가 엄청나게 성장했고, 우리가 그 불꽃의 일부가 될 수 있다는 사실이 정말 놀라웠습니다. 처음 PRRC를 시작했을 때, 사람들은 '쟤넨 대체 뭐 하는 거야?'라고 말했지요. 다들 술 마시면서 신나게 놀 때, 우리는 밖에 나가 땀을 흘렸으니까요. 사람들이 우리를 이해하기까지 몇 년이 걸렸습니다."

창립 이후, PRRC(인스타그램 @prrc1936) 회원 수는 수백 명으로 늘어났다. 현재까지 30~50명 정도의 회원이 정기적으로 달리기에 참여한다. 리 맥퀀은 비가 오나 눈이 오나 미세먼지가 있으나 없으나 거의 매일 8킬로미터 이상을 달린다. 수년 동안 리 맥퀀은 6번의 마라톤과 19번의 달리기 경주에 참여했다. 그는 이렇게 말한다. "PRRC는 일종의 은유가 되었습니다. 인생이 마라톤이라면, 자신의 페이스를 유지하는 건 각자의 몫입니다. 다른 사람들과 함께해도 혼자 힘으로 자신의 길을 달려야 하기 때문입니다."

다양성과 다채로움을 갖춘 서울은 달리기에 가장 멋진 도시다. 하루는 산악 코스와 흙길을 골라 달리고, 다음 날에는 탁 트인 공원이나 완만한 오솔길을 달릴 수 있다. 봄에는 흐드러지게 핀 벚꽃과 그 향기가 몸에 쌓인 피로를 씻어줄 것이다. 가을에는 울긋불긋 떨어지는 낙엽을 만끽하며 달릴 수 있다.

PRRC는 사교적인 러너에게 #JoinTheMotion에 참여하라고 권한다. 서울에 거주하지 않는 사람이라도 괜찮다. PRRC

는 서울을 방문한 관광객도 기꺼이 환영한다. 리 맥퀸은 집 밖으로 나와 운동에 참여하라고 말한다. 더불어 혼자 달리고 탐험하는 것을 더 좋아하는 사람들에게는 이렇게 조언한다. "이 도시에서 달리기에 가장 좋은 코스는 한강입니다. 서울에서 가장 접근하기 쉽고 가장 큰 열린 공간이죠. 한강은 도시 너머로 뻗어 있어 누구든 마음껏 달릴 수 있습니다. 저 또한 강변에서 솔로 마라톤을 여러 번 뛰었습니다."

한강 말고도 달리기 좋은 또 다른 곳으로는 청계천이 있다. 청계천은 도심 재개발 지역을 지나 한강으로 이어진다. 리 맥퀸은 서울숲, 올림픽공원, 여의도공원, 하늘공원, 도심 한가운데 자리 잡은 남산 또한 인기 코스로 추천한다.

그러나 서울을 찾아오는 사람들에게 미리 정해진 코스만 달리지 말라며 이렇게 덧붙인다. "나가서 그저 한 방향으로만 달리세요. 길을 잃어도 상관없어요. 만약 길을 잃었다면, 언제든 지하철이나 버스를 타고 돌아올 수 있습니다. 대중교통을 이용하는 것 또한 이 도시를 볼 수 있는 멋진 방법이지요. 서울은 꽤 안전한 도시입니다. 그러니 조금 더 야심 차게, 모험심을 품고 달려도 좋아요."

리 맥퀸은 서울을 알기 위해서는 달리는 것보다 더 좋은 방법은 없다고 믿는다. "달리면 주변 환경을 더 잘 이해할 수 있습니다. 특정 거리를 도보로 지날 때 생기는 특별한 친밀감이 있죠. 환경을 느끼고, 야생동물을 보고, 냄새를 맡고, 계절을 느낄 수 있습니다. 자동차 안에 갇히면 이 모든 걸 놓쳐버리죠."

왼쪽
—

리 맥퀸(오른쪽)과 PRRC 회원들이 이태원 바로 위에 위치한 남산공원을 달리고 있다. 남산공원은 남산 전체를 둘러싸고 있다.

위
—

이태원은 남산공원 인근의 활기찬 동네다. 구불구불 이어진 골목에는 예쁜 카페가 많으니, 운동 후 이곳에서 긴장을 풀고 휴식을 취해도 좋다.

위

—

남산공원을 지나는 길은 경사가 가파르
다. 공원 중심부에는 270미터 높이의 남
산이 우뚝 솟아 있다. 정상에서는 남산을
상징하는 남산서울타워가 있는데, 이곳에
서 도시 풍경을 한눈에 내려다볼 수 있다.

오른쪽

—

이태원은 서울에서 가장 국제적인 동네
다. 이색적인 식당은 물론, 밤 문화도 즐길
수 있다. 예전에 이 동네에 배나무가 많아
이태원梨泰院이라는 이름이 붙었다고 한다.

위 왼쪽
—

PRRC는 함께 서울을 탐험하고 싶은 관광객이라면 누구나 환영한다. 리 맥퀸은 참여를 원하는 사람이라면 누구나 소셜 미디어를 통해 연락하라고 전했다.

위 오른쪽
—

서울 어디서든 남산공원을 볼 수 있다. 서울 시민들은 공원 주변의 잔디정원과 가로수 길에서 일상적으로 운동을 즐긴다. 남산공원은 매년 봄 벚꽃 시즌에 가장 아름답다.

1

한강

한강은 강둑을 따라 양쪽으로 길이 있어 달리기에 안성맞춤이다. 반포대교에서 한남대교까지 약 6.4킬로미터 정도를 한 바퀴 돌면 여러 강변 공원을 지나게 된다.

4

여의도공원

서울 중심에 자리 잡은 여의도는 금융의 중심지다. 여의도공원 8킬로미터를 달리면 국회의사당, 산업은행 및 기타 금융기관을 볼 수 있다.

6

하늘공원

서울월드컵경기장이 있는 상암동에는 노을공원, 난지천공원 등 공원이 많다. 옛 쓰레기 매립장 위에 지은 하늘공원에는 이제 멋진 산책로가 있다. 가파른 291개의 계단을 오른 다음, 서로 연결된 다른 공원으로 내려가보자.

2

남산공원

서울에서 가장 큰 남산공원에는 10킬로미터가 넘는 포장도로가 있다. 2킬로미터 정도 이어진 오르막을 쭉 오르다 보면 우뚝 솟은 남산서울타워를 만나게 된다. 남산공원에는 벚나무가 많이 모여 있어서, 봄에 찾으면 장관을 만끽할 수 있다.

5

북한산국립공원

서울 중심부에서 북한산 국립공원 탐방안내소까지 자동차로 20분이면 갈 수 있다. 일단 이곳에 도착하면, 3개의 험준한 화강암 봉우리를 마주한다. 이곳에서 등산을 즐기다 보면 79제곱킬로미터가 넘는 숲을 만날 수 있다. 잠시 멈추어 절을 둘러보고 암벽 등반도 해보자.

7

청계천

청계천은 2005년 도시 재생 프로젝트의 일환으로 완공된 곳이다. 이 하천은 서울 중심부를 가로질러 10킬로미터에 걸쳐 흐른다. 청계천을 따라 걷다 보면 도시에서 가장 활기찬 엔터테인먼트, 쇼핑, 경제 중심지를 통과한다. 하천 길에는 4미터 높이의 물이 장관을 이루는, 조명이 빛나는 촛불 분수가 특히 눈길을 끈다.

3

양재천

한강 지류인 양재천은 과천에 있는 경마공원에서 강남으로 이어진다. 이 길을 따라 수백 그루의 메타세쿼이아가 있어 시원한 그늘과 차분한 분위기를 자아낸다.

8

올림픽공원

1988년 서울올림픽 개최를 기념해 지은 올림픽공원에는 '세계 평화의 문'이 있다. 대한민국의 전통사상을 표현한 이 문은 세계 평화를 기원하는 의미를 담고 있다. 음악 분수, 장미 광장은 물론, 200개 이상의 조각이 전시되어 있다.

칠레의 수도에서는 신나는 드럼 리듬에 맞춰 흥겹게 행진하는 풍경을 쉽게 볼 수 있다.
일렉트로팝 음악가 하비에라 메나Javiera Mena는 산티아고의 정신을 가장 잘 느끼고 싶다면
공연장과 주점 사이를 오가며 저녁을 보내보라고 말한다.

산티아고의 사운드트랙

The Soundtrack of Santiago

눈 덮인 안데스산맥이 산티아고 위로 우뚝 솟아 있다. 그 아래, 남아메리카에서 가장 높은 건물인 그란 토레 산티아고가 금융 중심지의 화려한 스카이라인을 수놓는다. 거리는 이보다 더 역동적이다. 광범위로 분포된 인구, 거센 시위가 전환기에 놓인 도시의 사운드트랙을 증폭시킨다.

이곳에서 침묵은 유행에 뒤떨어진다. 일렉트로팝 아티스트 하비에라 메나는 자신을 '도심 속 소녀'라고 말한다. 메나는 도시 중심부의 골목에서 자랐다. 2019년에는 새로운 경력을 쌓기 위해 스페인으로 넘어갔다. 메나는 이렇게 말한다. "사실 산티아고를 완전히 떠나본 적은 한 번도 없는 것 같아요. 저는 항상 옮겨 다녔지만, 제 뿌리는 이 도시 한가운데에 있어요. 이곳에 오면 제가 누구인지 다시 확인하게 됩니다." 메나가 자란 동네에 가면 산티아고의 활기찬 밤 문화를 엿볼 수 있다. 메나는 이렇게 덧붙인다. "칠레는 지리적으로나 경제적으로 너무 분리되어 있어서 사람들이 거의 섞이지 않지만, 도심에 가면 칠레에서 무슨 일이 일어나고 있는지 제대로 볼 수 있지요."

메나는 또래들과 함께 산티아고에서 전자악기로 실험적인 모험을 했다. 그는 1983년 피노체트 장군의 억압적인 독재 시절 태어났는데, 부모 세대에게 인기 있던 누에바 칸시온과 자신의 음악 정체성 사이의 공통점을 찾기 위해 고군분투했다.

메나는 이렇게 말한다. "반항적인 10대였을 때, 저는 그것이 전혀 마음에 들지 않았습니다. 그건 히피를 위한 진지한 음악이었으니까요."

1990년대 중반 인터넷으로 영국과 독일 음악을 다운로드해 듣기 시작했고, 나중에는 주로 컴퓨터 앞에 앉아 작곡하며 오후 시간을 보냈다. 메나가 말하기를, 당시에는 칠레에 외국인이 거의 없었지만 단 몇 년 만에 급격히 증가했다고 한다. 오늘날에는 150만 명에 이르는 외국인이 거주하고 있다. 결과적으로, 도시의 리듬은 누에바 칸시온 운동의 주역들이 칠레 음악을 세계 무대에 선보였던 1960~70년대 초의 상징적인 사운드트랙에서 크게 벗어났다.

메나는 곧 콘젤라도르와 파니코 같은 얼터너티브 록 밴드와 티로 데 그라시아, 마키자 같은 힙합 밴드와 함께 도시의 작은 공연장에서 주류 음악과 실험적인 음악을 연결하는 가교 역할을 하게 되었다. 그 결과 자신이 가장 좋아하는 장소인 클럽 블론디의 초청을 받아 공연을 펼치기도 했다.

라이브 디제이들이 활약할 수 있는 플로어를 갖춘 블론디는 1990년대부터 도시의 성소수자를 한데 모은 공간이 되었다. 메나는 이렇게 말한다. "그곳에서 저와 같은 사람이 많다는 사실을 처음으로 깨달았습니다. 저는 언제나 사람들에게 제가 레즈

비언이라고 말하는 게 두려웠어요. 그 결과를 뻔히 알고 있었으니까요. 게이 남성을 위한 공간은 늘 있었지만, 그 당시에는 레즈비언이라는 걸 공개적으로 밝힌 경우는 많지 않았거든요. 이제는 산티아고에 돌아올 때마다 변화가 보여요."

메나는 칠레로 돌아올 때마다 클럽 비자르에도 간다고 한다. 그는 우리에게 도시 전역의 버려진 공간에 일시적으로 에너지를 불어넣는 팝업 전자 이벤트인 레크레오 페스티벌에 참여하기를 추천한다. 어디에서 밤을 시작하든, 19세기 거리에 활기찬 주점, 클럽, 문화 공간이 즐비한 브라실 또는 융가이 중 한 곳에서 마무리하게 될 것이다. 융가이의 아우구스티나 거리에 있는 마투카나 문화센터에서는 연극, 댄스, 라이브음악 및 시각예술 등 종합 프로그램을 진행하며 최고의 칠레 및 국제 공연자들을 끌어들인다. 이 근처에는 마포초역 문화센터와 페레이라 궁전 문화센터가 있다. 둘 다 메나가 초창기에 공연했던 곳이다.

2019년 봄, 산티아고에서 대규모 시위가 일어났다. 칠레의 심각한 불평등을 규탄하며, 경제적으로 성공을 거두었다는 칠레 정부의 대외적인 선전에 반기를 들었다. 저항운동이 폭발적

으로 확산하며 누에바 칸시온 세대의 노래가 다시 거리에 울려 퍼졌고, 주방 기구를 두들기며 펼치는 냄비 시위가 요란한 불협화음으로 도시를 통합했다. 메나는 이렇게 말한다. "냄비 시위는 원초적인 표현입니다. 모두가 한마음 한뜻으로 함께하죠. 정말 눈물이 날 정도예요. 이 시위는 대중문화 운동이기도 해요." 색채, 음악, 공연, 예술이 폭발하는 가운데, 그래피티 예술가들은 재빨리 자신들의 반대의견을 산티아고 시내의 벽에 표현했다. 마포초강 건너편, 산티아고 최고의 주점과 라이브 공연장으로 오랫동안 사랑받은 장소는 시위 사태를 기리는 사회 봉기 박물관으로 개관했고, 비디오 및 오디오 녹음 기록은 물론 시위 물품들을 예술품으로 재탄생시켰다.

메나는 이렇게 말한다. "저는 어렸을 때부터 늘 사회에 불만이 있었어요. 잔이 넘치게 된 건 바로 이 한 방울이었죠." 여행객의 머릿속에 산티아고는 여전히 파타고니아 빙원, 이스터섬, 아타카마 사막으로 가는 관문으로만 남아 있을지도 모른다. 하지만 다운타운에서는 새로운 시대에 적응하는 음악과 시위가 이 도시에 리듬을 선사하고 있다.

왼쪽
—

대중의 찬사를 받기 전, 하비에라 메나는
산티아고의 언더그라운드 파티와 클럽에
서 공연을 시작했다.

위
—

가브리엘라 미스트랄 문화센터 안에 있는
바 엘 바조. 내부에는 라이브 무대가 있고,
외부에는 식물로 가득한 테라스가 있다.
이곳에서 소칼로 광장이 한눈에 보인다.

위 왼쪽
—

산티아고 메트로폴리탄 대성당의 장식
첨탑. 산티아고의 유서 깊은 아르마스 광
장 중심에 있다.

위 오른쪽
—

유흥을 즐기기 좋은 곳으로 잘 알려진 벨
라비스타의 거리. 밤이면 주점과 카페에
사람들이 넘쳐난다.

"제 뿌리는 이 도시 한가운데에 있어요. 이곳에 오면 제가 누구인지 다시 확인하게 됩니다.
도심에 가면 칠레에서 무슨 일이 일어나고 있는지 제대로 볼 수 있지요."

1

바 엘 바조
BAR EL BAJO

가브리엘라 미스트랄 문화센터에서 활동하는 음악가, 배우, 댄서들과 어깨를 나란히 하고 싶다면 이곳에 가보자. 이곳은 번화한 라스타리아 지구의 예술센터 근처에 있으며, 방문객이 언제든 편히 대화할 수 있도록 나눔 접시를 준비해둔다.

Av Libertador Bernardo O'Higgins 227, Santiago

2

마테리아 프리마
MATERIA PRIMA

2018년 말에 처음 문을 연 뒤로 맥주 애호가들이 꾸준히 즐겨 찾는 곳이다. 현지 유기농 와인을 전문으로 하는 이곳은 유명한 칠레 와인을 맛볼 수 있는 환상적인 장소다.

Constitución 187, Bellavista

3

노아 노아
NOA NOA

천장부터 바닥까지 이어진 모노톤 인테리어, 반짝반짝 빛나는 호박색 조명, 2층 디제이 부스 뒤의 눈에 띄는 LED 스크린 등 세심하게 인테리어한 공간으로 유명하다. 칠레를 비롯한 남미의 언더그라운드 일렉트로닉 아티스트와 디제이들이 이곳에서 공연을 펼친다.

Merced 142C, Santiago

4

바 쿠엔토 코르토
BAR CUENTO CORTO

피스코를 맛볼 수 있는 곳이다. 피스코는 발효된 포도주스를 증류해 만든 브랜디로, 칠레와 페루의 국민 음료다. 조용한 분위기에서 술을 마실 수 있으며, 안뜰에서는 음악가들이 정기적으로 분위기 있는 공연을 펼친다. 잠시 시간을 내어 바가 입주해 있는 우아한 옛 맨션을 구경해봐도 좋다.

Av República 398, Santiago

5

바 로레토
BAR LORETO

이 인디 클럽에서는 다양한 지역 및 국제 밴드와 디제이들이 같은 날 공연을 펼친다. 아래층에서 밴드의 연주를 듣다가 위층으로 올라가 쿵쾅거리는 전자음악을 만끽해보자. 길을 잃지는 않을 것이다. 클럽의 수용 인원이 400명밖에 안 되기 때문이다. 이 규모는 다른 곳에 비해 상대적으로 적은 편이다.

Loreto 435, Recoleta

6

추에카 바
CHUECA BAR

반문화 느낌이 나는 바 한쪽 구석에서 정치부 기자와 변호사가 대화를 나누고 있을 거라곤 아마 생각조차 못 할 것이다. 산티아고 최초의 페미니스트 투사이자 LGBTQ+를 적극 지지하는 레즈비언이 이 주점의 주인이다. 천장에 신발을 붙여 장식해놓은 키치한 인테리어를 즐기는 것 역시 꽤 만족스러울 것이다. 비건 메뉴도 제공한다.

Rancagua 406, Providencia

7

그라시엘로 바
GRACIELO BAR

산티아고의 오래된 저택인 카소나의 옥상에 있는 친근한 칵테일 바. 지역 주민들과 방문객들은 산티아고의 고층 빌딩과 그 너머 우뚝 솟은 산을 바라보며 피스코 칵테일과 근사한 스낵을 즐기며 수다를 떨 수 있다.

Cirujano Guzmán 194, Providencia

알바니아는 수십 년간 공산주의 독재 체제였으며, 관광객을 거의 받아들이지 않았다.
그러나 이제 이 나라는 유럽인들에게 인기 있는 휴가지로 새롭게 떠오르고 있다. 플로리 우카Flori Uka
같은 사려 깊은 셰프와 주조업자들은 자체 개발한 와인으로 사람들을 끌어들인다.

티라나의
농산물 직거래 운동

Tirana's Farm-to-Table Movement

미국 작가이자 환경운동가 웬델 베리는 1989년 선언문 「먹는 기쁨The Pleasures of Eating」에서 "먹는다는 것은 농업적 행위이다"라고 썼다. 이는 우리가 어떻게 음식을 먹고 공급하느냐가 우리 땅과 환경을 형성한다는 뜻이다.

알바니아의 현지 요리사들은 사람들이 음식에 더 깊이 관여하고, 지속 가능한 농업을 실천해 토지를 복구하길 바란다. 알바니아의 수도 티라나에는 많은 셰프가 해외에서 지낸 뒤 고국으로 돌아와 정통 알바니아 요리법으로 저렴하면서도 고품질인 재료를 이용한 각종 메뉴를 선보이고 있다. 간단한 간식을 먹고 싶다면, 티라나의 전통시장인 파자리 이 리 근처에서 가족이 운영하는 레스토랑 '오다'를 찾아가보자. 이곳에서 코티지치즈로 속을 채운 고추, 구운 양 창자 같은 현지 요리를 맛볼 수 있다. 한편, '물릭슈'에서는 블레다르 콜라 셰프가 치즈, 소시지, 폴렌타, 메추라기, 햇볕에 말린 뒤 버섯 또는 블루베리와 함께 제공하는 전통적인 알바니아 파스타 등 소박한 알바니아 요리를 고급 식기에 내놓는다.

최근 수십 년 동안 알바니아를 찾는 관광객이 늘어나면서 알바니아 출신 요리 전문가들에게 귀국은 꽤 매력적인 선택지였다. 제2차 세계대전이 끝난 뒤부터 1990년까지 40년 동안 이어진 엔버 호자의 독재 아래 독수리의 땅 알바니아는 공산주의가 아닌 국가의 관광객 출입이 금지되었다. 오늘날, 알바니아는 아름다운 해변, 거친 해안선, 훌륭한 음식 덕분에 수많은 관광객의 관심을 끌기 시작했다.

도시 외곽, 국제공항으로 가는 길을 따라 차로 15분 거리에 우카 농장이 자리 잡고 있다. 이곳은 지속 가능한 농업에 중점을 둔 일종의 실험실이다. 농림부 장관을 지낸 레제프 우카 교수가 1996년에 이 농장을 설립해 퍼머컬처 철학을 도입했다. 그는 인간의 개입 없이도 유기체들이 하나의 생태계를 만들어 숲을 이루고 번성할 수 있다고 믿었다. 그로부터 20년이 지난 뒤, 젊은 와인 전문가이자 셰프이기도 한 아들 플로리가 바이오다이내믹 포도원과 호박, 감자, 토마토, 후추 등의 유기농 농산물로 요리하는 농장 직거래 레스토랑을 차렸다. 이 레스토랑은 포도원에 둘러싸인 안마당에서 체크무늬 식탁보 위에 음식을 내놓는다. 플로리 우카는 이렇게 말한다. "우리의 철학은 자연과 조화를 이루며 생태계를 존중하는 것입니다. 우리 땅에서 나는 농산물만을 사용하고 전통 요리를 존중하면서 독창적인 풍미 조합을 연구하지요."

이곳의 메뉴에는 최고의 알바니아 요리로 가득하다. 필로 페이스트리와 시금치로 만든 맛있게 짭짤한 파이인 뵈렉, 페퍼, 토마토, 코티지치즈를 곁들인 캐서롤 프라이, 양고기, 계란, 요구르트로 만든 키슈 같은 요리인 타버 코시, 크림과 버터를 바르고 사워크림을 곁들인 크레이프 등이 나온다. 계절에 따라 호박파이, 구운 포르치니 버섯, 석류 샐러드가 나오기도 한다. 우카는 이렇게 말한다. "겨울에 오면 여름철에 나오는 요리는 먹을 수 없습니다. 모든 건 자연의 흐름과 계절에 따르고 있죠."

알바니아 농산물을 지키려는 우카의 노력은 요리법과 농사법에만 국한되지 않는다. 그는 2005년부터 우카 농장에 지역 고유의 유기농 포도나무를 심고 와인을 생산하기 시작했다. 우카는 이탈리아에서 와인 양조학을 공부한 후, 이탈리아 북동부 프리울리-베네치아-줄리아주의 여러 와이너리에서 훈련받으며 이탈리아 와인 제조사들이 지역 전통을 어떻게 계승하는지 관찰했다. 이후 자신만의 철학을 가슴에 품고 알바니아로 돌아왔다. 오늘날 우카 농장은 감귤류와 꿀 향이 나는 알바니아 토종 포도 '세루'를 맛볼 수 있는 지구상에서 유일한 곳이다.

우카는 말한다. "몇 년 전까지만 해도 우리 땅에서 나는 와인의 가치를 아는 알바니아 국민은 거의 없었습니다. 사실 알바니아는 와인 생산 면에서 이탈리아나 프랑스를 부러워할 이유가 하나도 없습니다. 알바니아의 기후는 완벽합니다. 물론 아직 해야 할 일이 많이 남아 있지만, 새로운 세대의 와인 메이커와 와인 양조학자들이 훌륭한 와인을 생산하기 시작했습니다."

전국의 몇몇 와이너리는 방문객에게 문을 열고 인근 이탈리아 와이너리 가격의 절반 금액으로 현지 포도 품종을 맛볼 수 있는 가이드 투어를 제공한다. 유네스코 동화 마을로 유명한 베라트 인근의 산기슭에 위치한 오보 와이너리, 레저 인근의 칸티나 아르베리, 그리고 현지 포도 품종의 고향으로 유명한 코코마니 와이너리 등 가볼 만한 곳이 많다.

그다음은 무엇이 기다리고 있을까? 우카는 최근 알바니아만의 팔레트를 만들기 위해 전국을 돌아다니며 다른 지역 와인 메이커들로부터 토종 포도를 수집했다. 그는 이렇게 말한다. "와인의 이름은 '길'이라는 뜻의 '우다'로 지었습니다. 와인으로 조국을 하나로 묶는 게 제 목표입니다." 와인 한 잔은 이 작지만 다채로운 나라가 제공하는 자연, 테루아 및 다양한 풍미를 경험하는 가장 좋은 방법이 될 것이다.

"알바니아는 와인 생산 면에서 이탈리아나 프랑스를 부러워할 이유가 하나도 없습니다."

왼쪽
—
이곳 주방에서는 우카 농장에서 재배한
농산물로 전통적인 알바니아 음식을 요
리한다.

위
—
플로리 우카는 알바니아에서 가장 활발
하게 활동하는 와인 양조학자로, 알바니
아 소믈리에 순위 2위에 올랐다.

위

레스토랑에서 일하는 웨이터들은 수확기
가 되면 농장 일을 돕는다. 이 농장에는
아카시아가 많다. 드라이브웨이 옆에 아
카시아가 늘어서 있다.

오른쪽

우카와 동료들은 생체역학적 원리에 따
라 다양한 채소 종자를 재배하는 실험을
한다. 온실에서 붉은 러시아 케일 새싹이
자라고 있다.

위
—

우카의 레스토랑은 주로 제철 메뉴를 제공한다. 쌀과 콩, 신선한 고트 치즈, 토마토소스와 후추를 섞은 리코타 스타일 치즈인 '페르제제'도 있다.

오른쪽
—

우카 농장은 가족기업으로, 플로리의 아버지가 1996년에 처음 설립했다. 플로리의 고모도 매일 농장에서 일한다. 그가 새 시즌을 위해 채소 씨앗을 심고 있다.

1

우카 농장
UKA FARM

티라나 북서쪽에 위치한 우카 농장에서는 오래된 포도나무 아래 깅엄으로 덮인 야외 테이블에서 시금치 뵈렉과 홈메이드 페르제제를 맛볼 수 있다. 우카는 알바니아 최고 소믈리에의 지도 아래, 현지에서 재배한 포도로 6가지 와인을 생산한다.

Rruga Adem Jashari, Laknas

2

물릭슈
MULLIXHIU

물릭슈란 알바니아어로 '제분소'라는 뜻이다. 이 레스토랑에 가보면 왜 이런 이름이 붙었는지 금방 알아차릴 수 있다. 코펜하겐 노마 출신의 블레다르 콜라 셰프는 맷돌로 곡물과 견과류를 직접 갈아 세련되면서도 소박하고 맛 좋은 메뉴를 선보인다.

Lasgush Poradeci Blvd, Tirana

3

오다
ODA

한때 주택이었던 오스만 시대 건물에 자리 잡은 이곳은 공용 좌석과 벽에 걸린 손으로 짠 카펫이 특징이다. 손님들은 치즈로 속을 채운 고추, 과일 향이 나는 뽕나무 라키를 뿌린 구운 양 내장 등 알바니아의 전통 별미를 즐길 수 있다.

Rruga Luigj Gurakuqi, Tirana

4

멧 코드라
MET KODRA

티라나처럼 격동의 역사를 지닌 도시에서 한 레스토랑이 반세기 넘게 살아남았다는 건 무척 대단한 일이다. 이곳에 가면 미트볼을 꼬챙이에 끼워 구운 요리인 '코프트 즈가레'를 맛볼 수 있다.

Sheshi Avni Rustemi, Tirana

5

시타
SITA

물릭슈에서 칭송받던 요리사가 이제 스칸데르베그 광장의 노점 '시타'에서 사업을 시작했다(이 두 레스토랑은 같은 맷돌로 밀가루를 빻는다). 이곳에서는 친환경 일회용 접시에 알바니아 전통 요리를 담아 내놓는다.

Near Skanderbeg Square, Tirana

6

구라 에 페리스
GURRA E PERRISE

이곳은 티라나 시내에서 동쪽으로 불과 30분 거리에 있지만, 조용하고 전원적인 분위기를 풍긴다. 다이티 국립공원 안에 자리 잡은 이 식당은 청록색 물고기가 가득한 호수 옆, 탁 트인 공원 전망과 우아한 석조 아치를 배경으로 소박한 음식을 내놓는다.

SH47, Tirana

7

리지 이 하바네
MRIZI I ZAVANE

티라나에서 북쪽으로 약 1시간 30분 거리에 있는 피쉬테 마을에 있다. 이곳에서는 알바니아의 농업 관광의 특별함을 엿볼 수 있다. 주방에서는 직접 빻은 밀가루로 만든 빵을 비롯, 농장 또는 농장 근처에서 자란 재료로 전통적인 알바니아 요리를 정성껏 준비한다.

Rruga Lezhe–Vau i Dejes, Fishte

8

파자리 이 리
PAZARI I RI

티라나의 중앙 농산물 직판장 근처에는 저렴하면서도 훌륭한 레스토랑이 줄지어 있다. 이 전통시장에서 과일, 야채, 고기, 생선, 치즈, 꿀 등 현지에서 나는 신선한 농수산물을 살 수 있다.

Shenasi Dishnica, Tirana

햇살이 가득한 도시 다카르에서는 다들 옷을 신중하고 꼼꼼하게 고른다.
오트 쿠튀르 쇼룸부터 길거리 양복점에 이르기까지, 현지 디자이너 사라 디우프Sarah Diouf가
다카르의 독특한 의상 스타일을 세세하게 알려준다.

홈그로운 패션, 세네갈 스타일

Homegrown Fashion, Senegalese Style

다카르의 거리에는 매일 소리의 향연이 울려 퍼진다. 대부분은 이 도시의 떠돌이 재단사가 커다란 가위로 내는 쇠붙이 소리다. 재단사들은 거리를 돌아다니며 그 소리로 자신의 존재감을 알린다. 다카르에는 약 2만 명의 재단사가 활동한다. 이 숫자는 세네갈 사람들이 옷차림에 얼마나 지대한 관심을 가지고 있는지를 잘 보여준다.

다카르에 기반을 둔 패션 브랜드 '통고로'를 이끄는 세네갈 디자이너 사라 디우프에 따르면, 재단사들의 탄탄한 네트워크는 다카르가 패션 업계에서 맞춤형 감각으로 정당한 위치를 차지했음을 보여주는 한 예라고 한다.

디우프의 메이드 인 아프리카 브랜드는 2021년에 5주년이 되었다. 그는 영감의 원천으로 세네갈을 언급하지만, 그의 디자인이 지닌 매력은 이미 전 세계로 뻗어나갔다. 비욘세, 앨리샤 키스, 나오미 캠벨 등 유명 인사들 역시 모두 통고로 옷을 입었다. 디우프는 이렇게 말한다. "제가 브랜드를 만들었을 때, 저는 이곳 장인들의 재능을 세계적으로 널리 알리고 싶었어요. 우리는 계속해서 더 많은 재단사와 장인을 고용해 기술을 완성하고 확장해나갈 거예요."

디우프는 다카르의 패션 및 디자인의 특징을 생동감, 화려한 색상과 기쁨이라고 설명한다. "다카르 사람들이 옷을 입는 방식을 보면서 늘 음악과 춤을 떠올립니다. 이곳에서는 모두가 행복하게 옷을 입어요. 거리에서 활기 넘치는 화려한 색상의 옷을 입은 여성들을 볼 때마다 제 디자인으로 그 움직임을 전달하려고 노력합니다. 그저 느낌에 가깝겠지만, 이는 개개인의 정체성, 자아와 매우 밀접하게 관련되어 있습니다."

'니오 파', '카킨보우' 등 다른 다카르 기반 브랜드처럼, 다카르 스타일은 말리의 전통적인 보고란피니를 현대적인 직물에 적용하기도 한다. 또한 종교의식에서 자주 입는 찰랑찰랑한 긴 예복인 '부부'를 세련된 여성용 크롭 점퍼로 변형한 것도 있다. 이 스타일은 '아다마 파리'의 디자이너이자 다카르 패션위크의 창립자인 아다마 은디아예가 완성했다.

사바나의 녹색 관목에 사하라 사막의 모래바람이 불어오는, 아프리카의 최서단에 위치한 이 도시에서는 이처럼 다양한 요소가 뒤섞이면서 주민들의 일상적인 의상이 돋보이기 시작했다. 디우프는 이렇게 말한다. "다카르가 분명히 현대화를 향해 나아가고 있기는 하지만, 전통 또한 우리의 일상생활에서 큰 역할을 합니다. 모든 건 다 사람을 기반으로 합니다. 세네갈 문화는 함께 나누는 것입니다. 무언가를 사지 않아도 누군가와 함께 그 경험을 느끼는 거죠. 그것이 제가 다카르를 보는 방식입니다. 모든 것이 사람과 사람의 관계로 이어지죠."

다카르의 시장에서는 5500세파프랑(약 10달러)짜리 셔츠를 직접 디자인하는 것부터 이것보다 10배가 넘는 맞춤형 부부를 주문하는 것까지, 어느 상황이든 그에 맞는 원단과 액세서리를 공급한다. 디우프는 이렇게 말한다. "이곳은 삶의 현장입니다. 저는 시장에서 이리저리 헤매기 좋아합니다. 그렇게 저의 프로세스가 시작되지요." 디우프가 좋아하는 곳 중에는 쇼핑객이 다양한 중고 및 빈티지 의류와 액세서리를 구할 수 있는 콜로반, 온갖 직물과 보석을 판매하는 마르셰 시장도 있다. 그는 이렇게 덧붙인다. "세네갈의 환상적인 보석과 세네갈에서 최신 유행하는 직물을 모두 구할 수 있습니다." 왁스 원단은 미터당 1500세파프랑(약 2.5달러) 정도의 비용이 들지만, 고품질 바쟁bazin은 동일한 길이에 1만 1000세파프랑(약 20달러)까지 돈을 내야 한다. 참고로 흥정할 때는 유머 감각을 잃지 말아야 한다. 다카르의 상인들은 현지 언어에 익숙하지 않은 손님에게는 정색을 하며 짓궂게 놀리기도 하니 말이다.

세네갈 스타일이 세계적으로 유행하자 다카르에서 활동하는 패션 디자이너와 스타일리스트의 수가 계속 늘어나고 있다. 시캅-리베르테 지역에 있는 세네갈 디자이너 셀리 라비 케인의 쇼룸, 그리고 숨베디움 수산 시장 건너편에 위치한 아다마 파리도 꼭 들러보기를 권한다.

디우프에 따르면, 다카르에는 계속해서 디자이너의 수가 늘어나고 다양한 스타일이 생겨나고 있다. 디우프는 이것을 지역 패션의 수준을 한 단계 향상시킬 중요한 기회로 바라본다. "저는 장인의 방식을 구조화해야 한다고 생각해요. 그 방식이 제대로 작동하게 만든다면 우리만의 독특한 본질을 잃지 않으면서도 매우 흥미롭고 역동적인 결과물이 탄생하게 될 것입니다." 세계인의 시선이 이곳을 향하고 있기에, 다카르는 더 성장할 가능성이 높다. '지구에서 가장 힘차게 비상하는 도시'라는 별명을 얻은 이곳에서, 기존의 스타일을 뛰어넘어보자.

"다카르 사람들이 옷을 입는 방식을 보면서 저는 늘 음악과 춤을 떠올립니다."

왼쪽
—
자신의 패션 브랜드 통고로의 작업실에
있는 디우프. 통고로는 아프리카 전역에
서 만든 원단을 사용하고, 다카르 현지
재단사를 고용해 옷을 짓는다.

위
—
사진에서 보여지는 것처럼, 디우프는 다
카르의 의상 스타일을 활기차고 행복한
감각으로 묘사한다.

위 오른쪽
—

잘람 연주자가 앞이 뾰족한 가죽 바부슈
를 신고 있다. 바부슈는 티오산thiossane
또는 월로프족의 유산이라고도 불린다.
오래전부터, 응에 메케Ngaye Mékhé 마을
은 세네갈 신발 산업의 중심지였다.

왼쪽
—

다카르 갤러리에 전시된 알리우네 디우
프의 그림 앞에 서 있는 디우프.

1

마르셰
MARCHÉ HLM

옷, 가방, 신발, 심지어 보석까지 자신의 요구에 따라 맞춤 제작해줄 곳을 찾는다면 이곳에 가면 된다. 이 매장에서 일하는 재단사가 당신의 바람에 응답해줄 것이다. 더치 왁스는 물론이고 실크, 레이스 및 정교한 자수도 구할 수 있다.

Marché HLM, Dakar

2

셀리 라비 케인
SELLY RABY KANE

패션 디자이너 셀리 라비 케인에게는 다카르의 뿌리가 짙게 묻어 있다. 그는 도시의 과거, 현재, 미래에서 큰 영감을 받았다. 아프로퓨처리즘 의상, 2011년에 도시를 가로질렀던 퍼레이드, UFO의 침공을 받는 기차역이 나오는 사이키델릭 영화 등이 그 영감의 원천이다.

Rue SC 103, Dakar

3

통고로
TONGORO

입체적인 프린트가 시선을 사로잡는 통고로의 작품은 비욘세와 버나보이는 물론이고 해외 언론의 시선을 사로잡았다. 다카르 재단사와의 협력과 현지에서 조달하는 직물에 중점을 둔 비즈니스 모델로 현지에서 가장 혁신적인 기업으로 인정받았다.

Sicap Foire, Dakar

4

아이사 디오네
AÏSSA DIONE

아이사 디오네는 베틀 디자인에서 공급망 관리에 이르기까지, 전통적인 세네갈 직물에 대한 모든 것을 재해석했다. 그 결과로 탄생한 텍스타일은 에르메스와 펜디를 비롯해 세계 최고의 럭셔리 브랜드에 판매될 뿐만 아니라 일본 기모노 제조사 오쿠준과도 놀라운 협업을 이뤘다.

Rue 23, Medina, Blvd Martin Luther King, Dakar

5

소피 징가
SOPHIE ZINGA

이곳의 디자인은 다른 세네갈 브랜드와는 다르게 우아한 절제를 특징으로 한다. 매끄럽고 관능적인 컬렉션은 모두 세네갈에서 제작되었으며, 13세기 아비시니아 제국에서 유행했던 장미 디자인의 질감과 모양에서 영감을 받았다.

7 Nord Foire, Dakar

6

아다마 파리
ADAMA PARIS

외교관 부모를 둔 디자이너 아다마는 금융업에 종사하다가 패션으로 눈길을 돌렸다. 여러 분야에 걸친 지식은 새로운 비전에 집중하는 데 큰 도움을 주었고, 결국 브로케이드를 활용한 관능적인 옷이 탄생했다.

Route de la Corniche O, Dakar

7

반투 왁스
BANTU WAX

이곳의 대표 요딧 에클룬드는 어느 날 아침 문득 자신의 비치웨어와 서핑 장비가 뉴욕 패션 세트장이 아니라 다카르 해안에서 서핑을 즐기는 사람들을 위한 것이라는 사실을 깨달았다. 그래서 오프닝 세레모니, 바니스와의 계약을 취소하고 선박 컨테이너를 개조해 해변에 플래그십 스토어를 열었다.

Corniche des Almadies, Dakar

오만의 수도 무스카트의 해안도로는 들쭉날쭉한 산과 조용한 해안을 따라 길게 이어진다.
사진작가 이만 알리Eman Ali는 아라비아가 지닌 이 부드럽고 다정한 거인과 같은 유산에 관심을
기울이고 싶다면 무스카트의 해변 시장과 첨탑 사이를 여유롭게 산책하라고 권한다.

무스카트 해안 길을 따라가는 산책

A Promenade Along Muscat's Seafront

완만하게 휘어진 무스카트의 해안도로는 도시를 쉼표처럼 감싼다. 무스카트의 동쪽 끝에 위치한 마트라에서는 산과 바다 사이에 펼쳐진 스마일 형태의 땅에서 현지인들의 삶을 찾아볼 수 있다. 아프리카의 뿔(아프리카 대륙 동북부), 인도, 중국을 오가는 무역로에 위치한 이곳은 석유도 풍부하고 지리적 이점도 뛰어난 도시다.

벼랑을 파서 만든 해안도로는 1970년대에 도시의 오래된 상업지구 마트라와 새로운 상업지구 루위를 잇는 통로 역할을 했다. 1964년 석유가 발견되고 나서 오만의 국부가 늘어나자 오래된 상업 중심지의 백도제를 바른 흰색 건물들은 호황을 누리는 이 도시와는 더는 어울리지 않게 되었다.

오늘날, 이를 대신해 해변 지역이 돛단배가 드나드는 도우 항구와 오만 왕립 요트 비행대를 비롯한 여러 명소의 본거지가 되었다. 마트라 수크, 오만의 유향 무역을 기리는 거대한 조각품 등도 유명하다. 지역 주민 대부분 역시 해안도로를 따라 여유로운 산책을 즐기곤 한다.

이곳은 한낮에 무척 무덥다. 그래서 해안도로는 주로 일출과 일몰 시각에 사람들로 북적거린다. 이른 아침이면 어부들이 항구에서 어시장으로 갓 잡은 물고기를 나르는 모습을 볼 수 있다. 쇼핑객이 밀려드는 가운데 어부들은 가판대를 사이에 두

고 이야기꽃을 피운다. 보석처럼 빛나는 녹색과 노란색 비늘을 자랑하는 도라도 생선이 가판대에서 싱싱한 모습으로 손님들의 시선을 사로잡는다. 1960년대에 지은 오래된 수산 시장은 2017년 노르웨이 디자인 회사 스뇌헤타가 설계한 새로운 건물이 세워지면서 더욱 활기를 띠게 되었다. 술탄 카부스 항구에 있는 원래의 시장과 가까운 곳에 자리 잡은 이 건물은 금세 도시의 랜드마크가 되었다. 복잡한 생선 뼈를 연상시키는 슬레이트 지붕 캐노피가 특징으로, 건물의 공용 공간과 레스토랑은 관광객과 지역사회를 하나로 묶어준다.

오만 사진작가 이만 알리는 이 해안선 끝자락에서 산책을 즐긴다. 알리는 이렇게 말한다. "길을 걷다 보면 아름다운 모습을 많이 볼 수 있어요. 저는 수산 시장에서 하루를 시작합니다. 길을 따라 19세기 주택들이 있는 수르 알 라와티아를 지나는 것을 좋아하지요." 탑과 성문으로 요새화되어 있는 오래된 주거지역인 수르 알 라와티아는 아마도 마트라 전체에서 볼거리가 가장 많은 건축물일 것이다. 오만에서 지금도 여전히 사람들이 거주하는 마지막 유산이라고 할 수 있는 이 지역에는 석회암, 조개껍데기, 야자수 잎으로 지은 집이 300여 채 있으며, 좁은 골목 위로 나무 발코니가 툭 튀어나와 있다. 수십 년 동안, 이 아름다운 구역은 원래 그곳에 살던 라와티 부족원과 그들의 손

님을 제외하고는 누구에게도 개방되지 않았다. 이곳을 방문할 때는 반드시 거주자의 사생활을 존중해야 한다. 인근에는 베이트 알 바란다 박물관이 있는데, 이곳에서는 오만 역사에 대한 전시회가 열린다.

다양한 배경의 사람들이 해안도로를 따라 산책하거나 벤치에서 휴식을 취한다. 지역 거주자이자 건축가인 알리 자파르 알 라와티는 이렇게 말한다. "마트라는 오만 사람들의 관용을 보여주는 본보기입니다. 역사적으로 오랜 세월 오만 내륙에서 수많은 전쟁이 치러졌지만, 항구도시 마트라를 둘러보면 다양한 문화가 조화롭게 정착되었다는 걸 잘 알 수 있습니다."

겨울이 되면 갈매기 떼가 해안가로 몰려와 사람들이 주는 먹이를 받아먹는다. 알리는 항구의 풍경이 정말 아름답다고 극찬한다. 시장에서 아무리 멀리 떨어져도 물고기를 볼 수 있다. 해안도로가 시작되는 사마카 회전교차로에는 분수대에서 툭 튀어나온 듯한 두 마리의 큰 물고기 조각상이 있는데, 이를 통해

오랜 어업 역사에 대한 이곳 사람들의 자부심을 느낄 수 있다 (사마카는 아랍어로 '물고기'를 의미한다). 또한 해안도로에 놓인 벤치 사이에도 물고기 조각품이 전시되어 있다.

방문객들에게 마트라 수크(수크는 시장이라는 뜻이다)는 이곳의 대표적인 명소다. 200년 전통을 자랑하는 이 시장은 의류, 골동품, 유향 등을 구입할 수 있어 여전히 인기가 무척 많다. 이곳은 '알 달람'이라고도 불리는데, 아랍어로 '어둠'을 뜻한다. 시장 내부에 자연 채광이 없고, 좁은 골목에는 노점상이 다닥다닥 붙어 미로처럼 이어져 있기 때문이다.

해안도로 끝에는 알 리얌 공원이 있다. 이 공원에는 국가의 오랜 유향 수출 역사를 상징하는 기념비적인 거대한 향로, 마브카라가 있다. 언덕 꼭대기에는 기념비가 있으며, 주변으로 무성한 정원, 놀이터 및 피크닉 공간이 있다. 이곳에서 도시를 한눈에 내려다보며 해안도로 산책을 마무리하면 안성맞춤이다.

왼쪽

마트라 해안도로를 걷다 보면 오만의 우아한 전통 건축물을 많이 볼 수 있다. 오만에서는 풍경에 대한 국민들의 자부심을 드높일 목적으로 왕의 명령에 따라 고층 건물은 못 짓게 되어 있다.

위

시각예술가 이만 알리는 오만에 있을 때면 마트라 해안도로를 따라 산책하곤 한다. 그는 무스카트, 런던, 바레인을 오가며 바쁘게 생활한다.

위 오른쪽
—

해안도로 동쪽 끝 언덕 꼭대기에 위치한 향로 모양의 건축물. 오만의 20번째 국경일을 기념하기 위해 지은 상징적인 건축물이다. 주변의 울창한 정원에서 피크닉을 즐겨봐도 좋다.

오른쪽
—

해안도로를 따라 지어진 많은 모스크 중하나. 내륙으로 좀 더 들어가면 웅장한 국립 모스크인 술탄 카부스 그랜드 모스크가 나오는데, 금요일을 제외하고 매일 오전 8~11시에는 일반 방문객도 들어가 볼 수 있다.

1

마트라 수산물 시장
MUTTRAH FISH MARKET

노르웨이의 디자인 회사 스뇌헤타가 설계한 마트라 수산물 시장은 무스카트의 새로운 랜드마크가 되었다. 오만에서 가장 분주한 항구에 위치한 시장이며, 한 건물에 옥상 테라스, 레스토랑, 과일 및 농산물 시장이 함께 있어 주민과 방문객들이 지역 어부들과 함께 공간을 사용할 수 있다.

Samakh, Muttrah

2

베이트 알 바란다
BAIT AL BARANDA

1930년대 저택을 개조한 건물로, 한때 건물의 원래 소유자였던 이의 이름을 따서 베이트 나십Bait Nasib으로 알려졌다. 시간이 지나면서 미국 선교본부와 영국 문화원의 본거지가 되었으며, 현재는 오만의 문화체육청소년부에서 관리하는 박물관으로 운영되고 있다. 고대 지질학, 고생물학적 발견 및 민속 예술을 아우르는 전시를 하면서 무스카트의 역사와 문화유산을 보존하고 알리고 있다.

Al Mina St, Muttrah

3

마트라 수크
MUTTRAH SOUQ

관광객들은 마트라 수크 주변에 사는 지역 주민들의 사생활을 존중하도록 좀 더 주의를 기울여야 한다. 입구에 있는 전통 커피숍은 지역 어르신들이 모이는 장소다. 역사적인 수르 알라와티아 지역은 들어갈 수 없지만, 그 외 지역은 맘껏 돌아다닐 수 있다. 시장에는 골동품에서 알루미늄 식기, 향신료, 샌들, 모스크 모양의 참신한 알람 시계에 이르기까지 없는 게 없다. 미로처럼 이어진 좁은 골목을 신나게 구경하다 보면 길을 잃기에 십상이다. 카드로 계산해도 되지만, 싸게 사려면 현금을 이용하자.

Muttrah Corniche, Muttrah

4

술탄 카부스 그랜드 모스크
SULTAN QABOOS GRAND MOSQUE

이곳은 오만의 주요 모스크로, 고 술탄 카부스 빈 사이드가 재위 30년을 기념하기 위해 설립했다. 이 모스크는 현대 이슬람 건축 양식의 한 예를 훌륭하게 보여준다. 모스크 안에는 세계에서 두 번째로 긴 카펫이 깔려 있다. 600명의 여성이 4년에 걸쳐 이 카펫을 짰는데, 17억 개의 매듭이 있다고 한다. 모스크는 금요일을 제외하고 매일 개방한다. 단, 관광객들은 단정한 복장을 하고 신분증을 맡기고 들어가야 한다.

Sultan Qaboos St, Al Ghubrah, Muscat

5

로열 오페라 하우스
ROYAL OPERA HOUSE

무스카트의 로열 오페라 하우스는 이 도시 최고의 예술 및 문화 명소로, 무스카트의 유산과 자연스럽게 조화를 이룬다. 전통적인 오만 궁전을 기리기 위해 설계한, 아름답고 현대적인 건물 안에 자리 잡고 있다. 걸프 지역에 지은 최초의 오페라 하우스로, 2011년 문을 연 이후 첼리스트 요요마, 런던 필하모닉 오케스트라, 아메리칸 발레 시어터가 이곳에서 공연을 펼쳤다.

Al Kharjiyah St, Muscat

6

마트라 요새
MUTTRAH FORT

포르투갈의 점령을 받던 1580년대에 지은 요새. 오랫동안 순전히 군사 목적으로만 사용되었으며, 몇 년 전에야 비로소 방문객에게 개방되었다. 내부에 볼 것이 그리 많지는 않지만, 꼭대기에 오르면 도시와 해안의 멋진 전망을 볼 수 있다. 이곳은 수 세기 동안 전망대 역할을 해왔다.

Muttrah, Muscat

뭄바이 남부의 꼬불꼬불 이어진 길거리 사이로 고요한 아트갤러리가 자리하고 있다.
이곳에서 갤러리를 운영하는 모티머 채터지Mortimer Chatterjee와 타라 랄Tara Lal은 여기에서는
도시의 혼란스러움과 번잡함에서 벗어나 휴식을 취할 수 있을 뿐 아니라,
인도의 최첨단 문화에 대한 통찰력을 얻을 수 있다고 자신 있게 말한다.

뭄바이 예술 산책

The Mumbai Art Walk

뭄바이는 훌륭하고 멋진 건축물과 생동감 넘치는 에너지가 가득하다. 끊임없이 변하는 대도시의 교과서라 할 만하다. 한편으로는 시간을 초월해 오랫동안 지속되어온 수많은 것을 보여준다. 예를 들면 마린 드라이브의 물결 모양 해안도로, 고딕에서 아르데코에 이르기까지 다양한 스타일이 기이하게 뒤섞인 뭄바이의 건축 유산이 그렇다. 또한 이 도시는 예술과 깊은 관련이 있다. 포트, 콜라바, 칼라 고드 등 남부 뭄바이 문화 삼각주 주변에 모여 있는 고즈넉한 현대 갤러리에 가면 예술이 주는 평온함을 느낄 수 있다.

그중 눈에 띄는 것은 '채터지&랄'이다. 뭄바이의 상징과도 같은 게이트웨이 오브 인디아 너머, 바다와 접해 있는 거리에 위치한 이곳은 원래 1850년대 영국 식민 통치 하에 창고로 지었던 건물에 터를 잡았다. 타라 랄과 함께 이 갤러리를 공동 운영하는 모티머 채터지는 이렇게 설명한다. "이 도시의 예술사는 뭄바이 예술협회와 예술가센터가 탄생한 20세기 초로 거슬러 올라갑니다."

이 두 사람은 경매 회사에서 함께 일하다 2003년에 벤처기업을 설립했다. 둘 다 뭄바이와 특별한 인연이 없었지만, 뭄바이가 시각예술의 밑바탕이 되리라고 믿었다. 콜라바는 극적인 아르데코 양식의 건물이 가득하고 도시 문화 전초기지의 지위

를 갖춘 데다, 이미 여러 유명 갤러리가 있었다. 1950년대에 타지 아트갤러리와 제항기르 아트갤러리가 설립되었고, 뒤이어 1963년에 케몰드 갤러리와 푼돌이 문을 열었다. 그 뒤로 이 지역은 명실상부한 예술의 허브로 자리매김했다. 이곳은 국립현대미술관과 웨일스 왕자 박물관 같은 유서 깊은 기관의 본거지이기도 하다.

두 사람은 갤러리를 처음 열었을 때 두 가지 목표를 세웠다. 설치, 비디오 및 공연예술 분야에서 작업하는 예술가들에게 플랫폼을 제공하고, 현대 작품들을 더 큰 역사적 궤적과 연결 짓기로 했다. 채터지는 이렇게 말한다. "우리는 현대를 역사적 순간으로 이해하기에 앞서 20세기 중반의 관행을 재발견하고 싶었습니다. 우리 갤러리에는 항상 현대와 과거가 뒤섞여 있죠." 최근에 선보인 전시회 〈단순한 이야기Simple Tales〉에서는 이런 관심사를 적극적으로 반영해 스토리텔링의 개념과 예술가들이 인도 역사를 통해 신화에 참여하는 방식을 살펴보고자 했다.

채터지&랄의 설립은 도시 예술계의 상당한 변화와 동시에 이루어졌다. 채터지는 이렇게 말한다. "1990년대 후반에는 갤러리가 지금보다 훨씬 적었을 뿐만 아니라 예술가가 갤러리와 독점적인 관계를 맺고 일한다는 개념이 제대로 잡혀 있지 않았습니다." 2000년대부터 개인 수집가가 늘어나면서 이 현상이 미술

시장에 원동력으로 작용했고, 곧 변화가 일어났다. 남아시아 미술에 대한 국제적 관심이 높아지며 인도 미술계에도 파급효과를 불러왔고, 이를 통해 갤러리 간의 체계적인 협력 구조가 구축되었다. 랄은 이렇게 말한다. "지난 10년 동안 여러 갤러리가 다양한 목소리를 하나로 통합하기 위해 힘을 합쳤습니다."

다양한 프로그램을 통해 고유한 정체성을 지키려는 노력도 존재한다. 미르찬다니+슈타인뤼케 갤러리는 캔버스 유화에서부터 한지에 이르기까지 다양한 방법으로 자신을 표현하는 젊은 예술가들과 작업한다. 프로젝트 88에서는 100년 된 낡은 인쇄기를 사용해 패션 사진부터 그래픽 노블 아트에 이르기까지 시각예술의 다양한 영역을 다룬다. 채터지는 전시된 작품의 다양성을 높이 평가하며 이렇게 말한다. "이런 다양성 덕분에, 갤러리 6곳을 방문하면 6개 각각의 색다른 예술을 경험할 수 있지요."

'목요일 예술의 밤' 같은 조직적인 노력은 예술 애호가들이 이런 다양성을 고찰하고 감상하는 데 도움을 준다. 채터지는 이렇게 설명한다. "예술의 밤은 콜라바에서 매월 둘째 주 목요일에 진행합니다. 갤러리는 오후 9시 30분까지 문을 열지요. 우리는 가능한 많은 그림을 보여주려고 합니다." 이 외에도 예술 지구에는 매년 1월에 도시 전역에서 뭄바이 갤러리 주간 행사가 열린다. 이 기간에는 갤러리에서 연중 가장 큰 전시회와 파티를 열어 방문객은 예술 지구를 다채롭게 즐길 수 있다. 뭄바이 갤러리 주간의 웹 사이트는 편의를 위해 전시 시간과 예술 관련 지도 목록을 제공하는데, 이 도시에서 가장 오래된 뭄바이 시립 박물관을 포함해 콜라바 이외 지역에 있는 박물관도 참여한다.

사람들을 예술 공간으로 끌어들이려는 이러한 시도는 뭄바이를 매우 친근하고 독특하게 만든다. 채터지는 이렇게 말한다. "이곳의 예술 풍경은 상당히 유기적입니다. 뭄바이의 골목길과 샛길을 걷다가 갑자기 갤러리를 마주치면 뭔가를 발견한 느낌이 들 거예요. 정말 멋지고 새로운 경험을 하게 될 겁니다."

예술 지구가 관광 명소와 잘 어우러진다는 건 장점이 많다. 랄은 이렇게 말한다. "이곳에서는 쇼핑하고, 관광하고, 맛 좋은 해산물 요리를 먹고, 갤러리를 둘러볼 수 있답니다."

왼쪽
—

모티머 채터지와 타라 랄 부부. 채터지&
랄은 뭄바이의 상징과도 같은 게이트웨
이 오브 인디아에서 가까운 곳에 자리 잡
은 현대 갤러리다.

위
—

뭄바이에는 미국 마이애미에 이어 세계
에서 두 번째로 큰 아르데코 건물 컬렉션
이 있다. 대부분은 마린 드라이브를 따라
공원을 둘러싼 블록에 모여 있다.

위 왼쪽

—

채터지와 랄은 종종 현대적이고 역사적
인 작품을 함께 선보이는데, 최근 전시회
에서는 아루나찰프라데시와 히마찰프라
데시의 나무 마스크를 현대 비디오 작품
과 함께 전시했다.

위 오른쪽

—

체몰드 프레스콧 로드 갤러리 외관. 1963
년에 문을 연 이곳은 근대 및 현대 미술
에 중점을 둔 최초의 인도 갤러리다.

왼쪽
—
채터지&랄은 재능 있는 인도의 신인 인재를 발굴하는 것으로 유명하다. 뉴욕 메트로폴리탄 미술관의 퍼포먼스 아티스트 니킬 초프라도 발굴했다.

위
—
체몰드 프레스콧 로드 갤러리 계단 벽에 빈티지 전시 포스터들이 줄지어 있다. 이곳은 티엡 메타, 부펜 카카르, 안주 도디야 등 인도 최고의 예술가들을 초기부터 지원해왔다.

1

채터지 & 랄
CHATTERJEE&LAL

2003년 콜라바의 한 창고에 채터지와 랄이 갤러리를 열었다. 이는 뭄바이의 현대 미술 커뮤니티에 중요한 사건이었다. 이곳에서는 최근 아티스트 마크 프라임의 산업 공장의 환경을 재창조한 작품 등 대중문화에서 공연예술에 이르기까지 다양한 전시회가 개최된다.

1st Floor, Kamal Mansion, 01/18 Arthur Bunder Rd, Colaba, Mumbai

2

프로젝트 88
PROJECT 88

1988년 콜카타에 '갤러리 88'을 설립한 스리 바네르지 고스와미와 그의 어머니 수프리야 바네르지에게 예술은 가족 사업이다. 콜라바의 100년 된 인쇄소에 들어선 프로젝트 88은 2006년부터 프리지 런던, 아트 바젤 등 다양한 국제 전시회와 제휴해 뭄바이에서 큰 파장을 불러일으켰다.

Ground Floor, BMP. Building, Narayan A Sawant Rd, Colaba, Mumbai

3

자베리 컨템포러리
JHAVERL CONTEMPORARY

흰색 페인트를 칠한 이곳의 콘크리트 벽에는 예술이 살아 숨 쉬는 것 같다. 갤러리를 운영하는 암리타와 프리야 자베리 자매는 인도 예술에 관한 책도 썼는데, 이 책은 근대 및 현대 인도 예술가들을 위한 2010 가이드북으로 선정되었다.

3rd Floor, Devidas Mansion, 4 Mereweather Rd, Colaba, Mumbai

4

체몰드 프레스콧 로드
CHEMOULD PRESCOTT ROAD

인도에서 가장 오래된 현대 미술 공간 중 하나다. 1963년 시린 간디가 가족이 운영하던 액자 가게에 갤러리를 차린 이후 50년 이상 지속적으로 국내 및 해외 예술가들과 함께 인상적인 작업을 하고 있다.

3rd floor, Queens Mansion, G. Talwatkar Marg, Fort, Mumbai

5

갤러리 미르찬다니+슈타인뤼케
GALERIE MIRCHANDANI+STEINRUECKE

우샤 미르찬다니는 한때 뉴욕의 광고회사에서 일했다. 란자나 스타인뤼케는 베를린에서 인도 예술가들의 갤러리를 운영했다. 이 두 사람은 이제 뭄바이에서 국제적 관점으로 젊은 인재 육성을 목표로 활동하고 있다.

1st Floor, Sunny House, 16/18 Mereweather Rd, Colaba, Mumbai

6

볼트
Volte

이곳이 갤러리라는 걸 단숨에 알아차리기는 쉽지 않다. 예술 작품을 감상하러 와도 되지만, 그저 여유롭게 이곳에서 시간을 보내도 좋다. 콜라바 갤러리와 연결된 카페, 서점, 필름 클럽도 있다.

2nd Floor, 202 Sumer Kendra Building, Pandurang Buhadkar Marg, Worli, Mumbai

7

갤러리 마스카라
GALLERY MASKARA

이 공간에서는 근대 미술이나 현대 미술을 찾을 수 없다. 이곳에서는 '현재의 예술'을 전시한다. 글로벌 전망이 담긴 최첨단 작업을 생각하면 된다. 면화 창고를 개조해 만든 이곳은 건축가 라훌 메로트라가 기존 공간의 특징을 잘 살려 설계했다.

6/7 3rd Pasta Ln, Colaba, Mumbai

8

닥터 바우 다지 라드 뭄바이 시립 박물관
DR. BHAU DAJI LAD MUMBAI CITY MUSEUM

1872년 뭄바이에서 빅토리아 앨버트 박물관으로 처음 문을 열었다. 뭄바이의 풍부한 문화 역사를 보여주는 장식 예술품들을 영구 소장하고 있다. 전시 프로그램은 영구 컬렉션에 대한 신진 작가들의 재해석을 주제로 한다.

In Veer Mata Jijbai Bhonsle Udyan and Zoo, 91/A, Dr Baba Saheb Ambedkar Rd, Byculla East, Mumbai

여행하며 책 읽기를 좋아하는 사람이라면 '매력적인 도시'라는 애칭으로 불리는 이곳 볼티모어가 안성맞춤이다.
작가 왓킨스D. Watkins는 독특한 동네 서점에서부터 급진적인 독서 커뮤니티에 이르기까지,
볼티모어의 문학적 유산을 둘러보라고 말한다.

볼티모어의 서점들

The Bookish Side of Baltimore

볼티모어는 시위와 재건의 장소다. 애칭처럼 매력이 넘쳐나는 이 도시는 특유의 활기와 아름다움으로 방문객으로 하여금 참신한 아이디어를 떠올리게 해준다. 동부 해안의 감성이 넘쳐나는 메이슨 딕슨 라인 아래 있는 도시로, 연립주택이 신고전주의 건축과 나란히 줄지어 서 있고 롤런드 파크의 대리석 맨션에서 몇 분 거리에는 버려진 건축물이 있다.

몇 년 전, 니나 시몬은 볼티모어를 기리는 발라드를 불렀다. "바닷가의 험난한 마을에서 / 어디로도 달려갈 곳이 없네 / 이곳에는 공짜는 없어." 하지만 볼티모어에서는 오랫동안 어느 하나가 공짜로 치유의 역할을 했는데, 바로 스토리텔링이다.

한때 도시 전역의 나무 벤치에 '볼티모어: 독서의 도시'라는 슬로건이 새겨져 있었다. 볼티모어가 지닌 문학의 역사는 뿌리가 깊다. 이곳을 찾아오는 손님들은 거트루드 스타인, F. 스콧 피츠제럴드, 에드거 앨런 포의 집에 가볼 수도 있다. 퓰리처상을 수상한 소설가 앤 타일러는 볼티모어를 배경으로 11권의 소설을 발표했다. 미국의 영향력 있는 작가이자 저널리스트인 타네히시 코츠도 볼티모어 출신이다. 그의 아버지 윌리엄 폴 코츠는 '블랙 클래식 프레스'를 운영하고 있다. 이 출판사는 아프리카계 작가의 책을 전문으로 펴낸다.

인구의 63퍼센트가 흑인인 이 도시에서 흑인 작가들의 작품은 특히 중요하다. 볼티모어에는 과거의 노예제도와 차별의 흔적이 여전히 남아 있다. 메릴랜드 인스티튜트 칼리지 오브 아트 근처의 조용한 동네 볼튼 힐에는 맥머첸 스트리트가 있다. 예일대학에서 교육받은 흑인 변호사 조지 W. F. 맥머첸의 이름을 따서 명명된 거리다. 맥머첸은 1910년에 부유한 지역으로 이사해 인종 분리에 대한 과감한 계획을 시도했다. 이후 2015년 25세의 프레디 그레이가 경찰 구금 중 사망한 뒤, 볼티모어에서 들불처럼 번진 시민 시위는 전국적인 뉴스가 되었다.

지난 몇 년 동안 분출된 블랙 크리에이티브 르네상스는 사실 볼티모어에서 수십 년 동안 잠복해 있었다. 이곳에서 인쇄되어 유통되는 책에서는 늘 볼티모어에 대한 이야기를 전해야 한다는 다급함이 강렬하게 느껴진다. 그리디 리드, 아토믹 북스, 버드 인 핸드 등 지역주민들의 사랑을 한 몸에 받는 서점들은 모두 이곳 매력적인 도시에 살며 글을 쓰는 흑인 작가들의 책을 비치해놓고 있다. 그중에는 데빈 앨런, 콘드와니 피델, 웨스 무어, D. 왓킨스가 있다. 왓킨스는 볼티모어에서 나고 자란 볼티모어의 아들이자 작가계에 떠오르는 신예 중 한 명이다.

왓킨스는 작가, 저널리스트, 대학교수, 남편이자 아버지로, 흑인과 백인 독자 모두에게 사랑스럽고 진지하며 비판적인 방식으로 인종과 정체성에 대한 이야기를 발표한다. 왓킨스의 글

은 볼티모어의 오랜 스토리텔링 전통에 대한 감사로 시작한다. "저는 항상 사람들이 하는 이야기를 흥미롭게 들었어요. 할머니와 아주머니들은 '오델'에 모여서 무슨 일이 있었는지 쉼 없이 이야기했지요. 누가 어디에 가고, 누가 돈을 벌고, 누가 거짓말을 했는지 따위 말이에요." 오델은 볼티모어에 있는 흑인 소유의 상징적인 클럽으로, 지난 몇 년 동안 예술 전시회에서 주제가 된 장소이기도 하다. 그는 덧붙인다. "우리는 모두 그곳에서 거리에서 일어난 일에 대해 이야기하지요."

이와 같은 구전의 역사는 아프리카 구술문화가 지닌 전통을 계승한다. 아프리카 구술문화는 세대를 거치며 볼티모어에 전해 내려왔다. 하지만 왓킨스는 글을 쓰는 게 자신의 직업이 되리라고는 한 번도 생각해본 적이 없다고 말한다. "제가 아프리카 출신이기는 하지만, 저 자신이 최고의 이야기꾼이라고는 생각하지 않습니다. 그저 그 전통을 일부 보존할 위치에 있다는 게 행운일 뿐이죠. 볼티모어는 아주 독보적인 장소로, 이곳의 커뮤니티와 스토리에는 매우 인상 깊은 스토리텔링 스타일이 담겨 있습니다."

왓킨스가 볼티모어에서 가장 좋아하는 오프라인 매장은 협동조합으로 운영되는 급진적인 성격의 서점인 레드 엠마 북스토어다. 이 서점은 오랫동안 이 도시에서 작가와 예술가를 위한 창조적인 허브 역할을 해왔다. 비건 음식을 판매하고 이벤트를 주최하는 하이브리드 매장이기도 하다. 이곳에 가면 미국 역사를 다룬 책이나 영화, 명언 모음집, 다큐멘터리나 신문에서 자주 만나게 되는 이름인 엠마 골드만의 자취를 찾을 수 있다.

왓킨스는 볼티모어 대학교 캠퍼스와 레드 엠마 북스토어를 오가며 자신의 책 『더 비스트 사이드: 미국에서 흑인으로 살고 죽는다The Beast Side: Living and Dying While Black in America』를 썼다. "레드 엠마 북스토어를 통해 제 책이 처음 세상에 알려졌어요. 그곳 사람들이 저조차 미처 알지 못했던, 제 안의 무언가를 먼저 발견해줬지요."

최근, 왓킨스는 버클리에서 일자리 제의를 받았다. 버클리의 한 사무실에서 커뮤니티를 운영해보라는 것이었다. 또한 뉴욕에서도 여러 제의를 받았다. 하지만 그는 이 도시에서 태어나고 자랐기 때문에 이곳에 머물며 일하는 게 중요하다고 생각한다.

왓킨스는 이렇게 말한다. "제 가족은 모두 이곳에 있습니다. 아내의 가족 또한 이곳에 살고 있지요. 저는 계속 이곳에 있을 거예요. 평생 이곳에 살았어도 너무 익숙한 곳만 다녀서 여전히 알지 못하는 곳도 많지요. 저는 볼티모어를 사랑합니다."

왼쪽

볼티모어는 풍부한 문학적인 장소 외에
도 다른 문화적 볼거리가 무척 많다. 레
드 엠마 북스토어 맞은편에는 조지프 마
이어호프 심포니 홀이 있다.

위

볼티모어에서의 삶을 다룬 《뉴욕타임스》
베스트셀러의 저자 D. 왓킨스가 레드 엠
마 북스토어에 서 있다. 이곳은 그가 가
장 좋아하는 서점이기도 하다.

위
—

존 워터스 감독의 영화에 자주 등장하는 햄던 36번가 주변에는 서점이 많이 모여 있다. 36번가와 폴스 로드의 교차로에 있는 아토믹 북스에는 술 한잔 즐길 수 있는 바도 있다.

오른쪽
—

F. 스콧 피츠제럴드, 거트루드 스타인, 에드거 앨런 포를 비롯해 수많은 문학가가 볼티모어를 고향으로 여겼다. 노스 아미티 스트리트에 있는 포의 옛집은 현재 박물관으로 운영된다. 풋볼 팀 볼티모어 레이번스는 포의 『까마귀』에서 이름을 딴 것이다.

1

아토믹 북스
ATOMIC BOOKS

볼티모어의 영웅으로 추앙받는 컬트영화 감독 존 워터스에게 메시지를 보내고 싶다면 햄던에 있는 아토믹 북스에 들르는 게 좋다. 워터스가 이곳에서 팬레터를 찾아가기 때문이다. 바가 있어서 책, 만화책, 잡지를 보며 현지에서 양조한 엘더플라워 미드를 즐길 수 있다.

3620 Falls Rd, Baltimore

2

더 북 씽 오브 볼티모어
THE BOOK THING OF BALTIMORE

이곳의 책은 모두 무료다. 더 북 씽 오브 볼티모어는 책을 원하는 사람들의 손에 제공하는 것을 사명으로 여기는 비영리 서점이다. 책은 모두 무료이며, 가져갈 수 있는 책의 권수에 제한도 없다. 다 읽은 책은 다른 사람에게 주면 된다.

3001 Vineyard Ln, Baltimore

3

켈름스콧 서점
THE KELMSCOTT BOOKSHOP

볼티모어에서 가장 큰 중고 희귀본 서점. 골목의 유서 깊은 연립주택에 있다. 완벽하게 보존된 수천 권의 희귀 도서가 있으며, 고양이 피에르와 싱클레어도 있다. 이 고양이들은 지도와 유물을 관장한다고 한다.

34 W 25th St, Baltimore

4

참 시티 북스
CHARM CITY BOOKS

이 서점은 볼티모어 피그타운 지역의 커뮤니티 장소로 활용된다. 음악 수업, 어린이를 위한 스토리 타임, 다양한 종류의 북 클럽과 꽃꽂이 및 연기 클래스를 제공하는 이 서점은 소규모 인간관계를 다지기 좋은 활기 넘치는 장소다.

782 Washington Blvd, Baltimore

5

그리디 리드
GREEDY READS

이 서점은 강변 펠스 포인트에 위치한 고전적인 벽돌 건물 한쪽에 자리 잡고 있다. 서점 규모는 작지만, 소외된 목소리를 위한 공간은 아끼지 않았다. 좋아하는 책 3권과 현재의 기분을 말하면 직원이 책을 골라 맞춤 토트백에 담아준다.

1744 Aliceanna St, Baltimore

6

아이비 서점
THE IVY BOOKSHOP

고풍스러운 서점을 좋아한다면 이곳이 안성맞춤이다. 볼티모어의 다른 서점에서는 찾기 힘든 책이 많은 데다 볼거리가 다양하다. 도시 외곽에 자리 잡고 있어서 숲이 우거진 서점 부지에서 산책로, 잔디밭, 작은 정원을 누리며 명상을 즐길 수도 있다.

5928 Falls Rd, Baltimore

7

레드 엠마 북스토어
RED EMMA'S

아나키스트 엠마 골드만의 이름을 땄으며, 레드라는 이름에서 서점의 성향을 알 수 있다. 이곳은 2004년부터 직원들이 소유하고 운영하고 있다. 직원들 모두가 동일한 사업 지분을 소유한다. 맛 좋은 채식 카페와 진보적인 색채의 셀렉션이 눈에 띈다.

1225 Cathedral St, Baltimore

8

넥스트 도어 북스토어
THE BOOKSTORE NEXT DOOR

샬럿 엘리엇은 중국과 일본의 빈티지 의류, 가구 및 골동품 도자기를 전문으로 다루다가 시간이 지날수록 좋아지는 것은 골동품만이 아님을 깨달았다. 오랜 세월이 흐른 책에는 많은 이야기가 담겨 있기 때문이다. 이곳에 가면 중고 페이퍼백은 물론이고 초판본 등 희귀 도서를 구할 수 있다.

837 W 36th St, Baltimore

미술관을 잘 가지 않는 사람이더라도 태즈메이니아의 이국적인 모나MONA 미술관은 매력적으로
다가올 것이다. 태즈메이니아의 레스토랑 경영자이자 디자인 애호가인 비안카 웰시Bianca Welsh는
모나를 포함해 이 섬의 다른 여러 박물관에서 뜻깊은 휴식의 시간을 보낸다.

태즈메이니아에서
미술관 돌아보기

Museum Hopping in Tasmania

태즈메이니아 사람들은 다소 무덤덤한 편이다. 이 섬의 대표적인 문화 공간이라 할 수 있는 올드 앤드 뉴 아트 미술관The Museum of Old and New Art, 즉 모나에는 개관 이후 10년 동안 100만 명이 넘는 방문객이 찾아왔다. 그런데도 구글 검색에 나오는 설명은 다소 심드렁하다. '모나: 일종의 미술관. 태즈메이니아 어딘가에 있음. 페리를 타세요. 맥주를 마셔보세요. 치즈를 맛보세요. 예술에 대해 맘껏 이야기하세요. 폭 빠질 거예요.'

2011년 이 수상하고 비밀스러운 미술관이 나타날 때까지, 이곳 외딴섬은 주로 초자연적인 야생과 주민들의 느린 생활 방식으로 알려져 있었다. 그 이후, 모나는 남반구에서 가장 큰 사설 기금 박물관으로 태즈메이니아의 이름을 세계 문화 지도에 올려놓았다. 페리를 타고 이곳을 방문하기로 마음먹었다면 갑판을 장식한 양 모양의 좌석인 일반석을 추천한다.

이곳 예술 현장 주변에는 화려함이 거의 보이지 않는다. 모나 미술관은 태즈메이니아 사람이라면 무료로 입장할 수 있다. 다양한 사람들이 함께 어울려 둘러보도록 한 것이다. 예술계 엘리트든, 이제껏 미술관이라는 곳에 한 번도 발을 들여 본 적이 없는 호바트 시골의 아이든 함께 트라이아스기 사암 갤러리의 미로를 따라 내려간다. 그렇게 모나는 무심한 듯 섬세하게 자신이 섬의 문화적 중심지임을 보여준다. 강렬하고 세대를 초월하지만 표면에서는 거의 눈에 띄지 않는 방식으로 태즈메이니아 사람들을 연결하는 공간이다.

레스토랑 경영자이자 태즈메이니아 디자인 애호가인 비안카 웰시는 이렇게 말한다. "태즈메이니아 마을을 거닐다가 모나의 입구에 들어가면 마치 비밀 토끼굴에 빠진 것처럼 눈앞에 초현실적인 마법 세계가 펼쳐집니다. 마치 이상한 나라의 앨리스가 된 듯한 느낌이죠. 단층 건물에 일단 발을 들여놓으면, 갑자기 절벽에 새겨진 터널과 비밀 방을 거쳐 모나의 예술 중심지로 들어서게 됩니다."

웰시는 스틸워터 레스토랑, 세븐 룸, 블랙 카우 비스트로의 공동 소유주다. 이 세 곳은 호바트에서 약 2시간 거리인 론서스턴에 위치하며, 모두 수상 경력에 빛나는 사업체다. 또한 웰시는 '디자인 태즈메이니아'에서 자원봉사를 하고 있다. 이곳은 1976년에 문을 연, 희귀한 태즈메이니아 목재와 디자이너 기념 행사로 유명한 문화 공간이다. '올해의 젊은 레스토랑'에 선정되고 '올해의 젊은 호주인' 지역 최종후보에 올랐음에도 그는 자신이 전형적인 태즈메이니아인이라고 생각한다.

웰시는 디자인 태즈메이니아에서 자신의 역할이 레스토랑 사업에서와 크게 다를 바 없다고 말한다. "우리 레스토랑에서 음식은 예술과도 같습니다. 그저 접시에 담긴 음식을 먹는 게

아니라 새로운 경험을 하는 것이죠. 맛, 냄새, 주변 환경, 음악, 의자의 감촉, 음식이 접시에 담긴 방식, 셰프의 영향 같은 것을요. 디자인 태즈메이니아에 들어서면 수백 년 된 소나무 향이 납니다. 그 경험에 푹 빠져 감각의 향연을 느끼게 되죠."

웰시는 미술관에서 즐기는 조용한 시간에 대해서도 말해주었다. "매년 10만 명 이상의 사람들이 디자인 태즈메이니아를 찾아옵니다. 저는 항상 회의에 일찍 도착하려고 노력해요. 그러면 자리에 앉아 독특하고 아름다운 창밖을 바라볼 수 있거든요. 마치 액자와 같습니다. 고요한 영역으로 이동하는 창이라고 할 수 있지요."

웰시는 이곳에 방문하는 것이 태즈메이니아의 문화적 맥박을 느끼는 여행과도 같다고 믿는다. 시간이 많지 않은 사람은 구름 사이로 살짝 드러난 크래들산을 보러 가거나 포트 아서 유적지에서 죄수의 세계로 발 빠르게 발걸음을 내디딜 수 있겠지만, 태즈메이니아의 본모습은 고요함 속에서 마법처럼 펼쳐

지는 반전에 있다. 모나만 돌아본다면 디자인 태즈메이니아는 물론이고 웰시가 추천하는 론서스턴의 퀸 빅토리아 박물관 및 미술관이나 호바트의 태즈메이니아 박물관 및 미술관TMAG 같은 다른 곳의 볼거리를 놓칠 수 있다.

그럼에도 모나 미술관이 환상적인 출발점인 것만은 분명하다. 모나에서 경험한 강렬한 순간에 대해 웰시는 말한다. "어두운 통로를 거쳐 빛이 가득 찬 방으로 들어서자, 폭풍우 치는 어둠 속에서 바람 부는 패턴을 종이 위에 열렬히 옮겨놓는 호주 예술가 캐머런 로빈스의 드로잉 머신이 보였던 날이 기억 납니다. 시간 가는 줄도 모르고 감상에 빠졌어요. 또 제임스 터렐의 옥외 설치물 〈아마르나〉는 황금시간대에 하늘의 어스름을 말 그대로 바꾸어놓는데, 저는 그 앞에서 일종의 최면 상태에 빠지고 말았지요. 태즈메이니아는 바로 이와 같은 멈춤의 순간을 우리에게 선사합니다."

"태즈메이니아는 바로 이와 같은 멈춤의 순간을 우리에게 선사합니다."

왼쪽
—

비안카 웰시는 2021년까지 디자인 태
즈메이니아에서 이사로 일했다. 건물 안
쪽에서는 공원이 내려다보이는데, 웰시
는 이처럼 차분하고 고요한 전망을 좋아
한다.

위
—

디자인 태즈메이니아의 목재 디자인 컬
렉션. 왼쪽부터 차례대로 존 스미스의 립
타이드 체어, 브로디 닐의 알파 체어, 브
래드 레이섬의 타이거 체어.

왼쪽, 위 왼쪽
—

디자인 태즈메이니아의 목재 컬렉션에는
80개 이상의 작품이 있다. 벤 부스의 〈변
천〉(왼쪽 이미지, 벽쪽)과 피파 딕슨의 〈가
변 커플링〉(왼쪽 이미지, 앞쪽)의 모습. 〈가
변 커플링〉은 벤치로도 사용된다.

위 오른쪽
—

디자인 태즈메이니아는 사람들이 즐겨
찾는 론서스턴의 도시공원에 있다. 일본
원숭이의 서식지이기도 한 이 공원은 주
말이면 소형 열차도 운행한다.

위
—

모나 미술관 입구, 로이 그라운드 코트야
드 하우스는 원래 건축가 로이 그라운드
의 집이었다. 로이 그라운드는 미술관 경
내의 여러 건물을 설계했다.

오른쪽
—

미술관의 한쪽인 파로스 윙Pharos Wing
의 실내에는 눈길을 사로잡는 커다란 흰
색 구체가 자리하고 있다. 타파스 레스토
랑 한가운데에 설치한 조명 예술가 제임
스 터렐의 작품이다.

1

모나
MONA

도박사에서 미술 수집가로 변신한 데이비드 월시가 만든 미술관으로, 느긋하고 여유로운 분위기를 풍긴다. 이름 그대로 오래된 예술과 새로운 예술이 공존하고 있으며, 호텔 및 전시 공간에서는 갈라 디너를 개최하기도 한다.

655 Main Rd, Berriedale

2

디자인 태즈메이니아
DESIGN TASMANIA

1976년에 설립된 디자인 태즈메이니아는 태즈메이니아는 물론 오스트레일리아 본토 및 기타 지역에서 온 다양한 예술가들의 작품 활동을 지원하고 있다. 1991년부터 디자인 태즈메이니아 목재 컬렉션을 선보였으며, 가구에서 주방용품, 추상적인 작품에 이르기까지 80여 점 넘는 작품을 보유하고 있다.

Corner of Brisbane and Tamar Sts, Launceston

3

티아가라
TIAGARRA

태즈메이니아 원주민을 위한 최초의 프로젝트로 탄생했다. 문화 행사 및 교육적인 단체 여행에 활용되는 공간이다. 이곳 해안지역에는 식물성 식품과 직물 재료, 암각화가 새겨진 역사적 암석 절개 등 중요한 문화 자원이 모여 있다.

1 Bluff Access Rd, Devonport

4

메이커스 워크숍
MAKERS' WORKSHOP

북서쪽 해안 도시 버니의 해안에 자리 잡은 이 고광택 금속 건물은 갯벌과 바닷새를 고려하여 설계했다. 내부에는 종이 공장, 치즈 가게, 태즈메이니아 디자인 공예품을 판매하는 선물 가게가 있다.

2 Bass Hwy, Burnie

5

태즈메이니아 박물관 및 미술관
TASMANIAN MUSEUM AND ART GALLERY

태즈메이니아 박물관 및 미술관은 1848년에 개관했다. 당시 식민지 시대의 잘못된 관행에 가담한 이곳의 역사는 비난받아 마땅하다. 박물관은 이런 역사적 과오에 대해 도덕적으로 잘못되었다며 태즈메이니아 원주민 커뮤니티에 진심 어린 사과를 표했고, 새로운 미래를 위한 지원을 아끼지 않겠다고 약속했다.

Dunn Pl, Hobart

6

퀸 빅토리아 박물관 및 미술관
QUEEN VICTORIA MUSEUM AND ART GALLERY

퀸 빅토리아 박물관 및 미술관은 원래 1891년에 광물 및 동물 컬렉션을 소장하기 위해 설립되었으며, 현재는 다양한 전시를 개최하고 있다. 최근에는 태즈메이니아 원주민의 삶과 오스트레일리아로 오는 난민들의 여정을 묘사한 작품을 주제로 전시회를 열기도 했다.

2 Invermay Rd, Invermay

7

살라망카 아트센터
SALAMANCA ARTS CENTRE

호바트 해안가에서 약간 떨어진 유서 깊은 사암 창고에 들어서 있다. 태즈메이니아 예술과 디자인을 살펴볼 수 있는 스튜디오, 전시 공간, 카페가 있다. 집에 소장할 예술 작품을 찾고 있다면, 이곳의 갤러리와 상점에 가보자.

77 Salamanca Pl, Battery Point, Hobart

8

로열 태즈메이니아 식물원
ROYAL TASMANIAN BOTANICAL GARDENS

로열 태즈메이니아 식물원에는 오스트레일리아의 다른 곳에서는 볼 수 없는 식물을 수십 그루 볼 수 있다. 선인장 컬렉션과 호주 유일의 수반타크틱 플랜트 하우스가 있다. 14헥타르에 걸친 공간에 전시품과 수집품도 있다. 이곳에 가면 태즈메이니아 식물표본관도 꼭 들러보자.

Lower Domain Rd, Hobart

인플루언서 함정을 피하는 방법

HOW TO AVOID THE INFLUENCER TRAP

돈 드릴로의 1985년 소설 『화이트 노이즈』에서 대학교수 잭 글래드니는 친구 머레이와 함께 당일치기 여행을 떠난다. 그들은 초원과 과수원을 지나치다 우연히 '미국에서 사진이 가장 많이 찍힌 헛간'이라는 표지판을 보게 된다. 관광객들이 마치 의무라도 되는 것처럼 카메라, 삼각대, 망원렌즈를 들고 전망대에 우르르 모여 있는 모습을 보고 머레이는 씁쓸하게 말한다. "아무도 헛간을 보지 않는군. 헛간이 있다는 표지판을 보고 나면 헛간이 보이지 않게 되는 거지." 그의 말에 따르면, 헛간이 사진에 찍혔기 때문에 또 찍히는 것이며 유명하기 때문에 계속 유명해지는 것이다. 헛간 그 자체는 섬광 속에 사라져버리고 명성의 아우라만 남는다.

『화이트 노이즈』는 인스타그램이 세상에 등장하기 25년 전에 출간되었지만, 피드를 살펴보는 데 많은 시간을 보낸 사람이라면 누구나 이 말에 공감하며 깜짝 놀랄 것이다. 물론 이 헛간은 현재도 인스타그램 계정 이곳저곳에 올라와 있다. 드릴로가 실제로 영감을 받은 와이오밍의 몰튼 반으로 위치 정보 태그가 달린, 수천 개가 넘는 사진만 말하는 게 아니다. 모로코 마을 쉐프샤우엔의 스머프 블루 벽, 노르웨이의 트롤퉁가 절벽을 배경으로 펼쳐진 광활한 풍경, 슬로베니아의 사파이어 빛 블레드 호수도 마찬가지다. 이 모든 것이 온라인에서 '헛간의 지위'를 차지했다. 사람들은 이 명소들의 아름다움에 감동해서 사진을 찍는 걸까? 아니면 그저 이런 곳에 가면 반드시 똑같은 사진을 찍어야 한다고 생각하기에, 즉 너도 찍으니 나도 찍겠다는 마음인 걸까?

인스타그램은 불과 몇 년 만에 여행업에 큰 변화를 일으켰다. 2018년 발표된 한 연구에 따르면, 33세 미만의 사람 중 40퍼센트 이상이 다음 휴가지 혹은 여행지를 선택할 때 무엇보다 먼저 '인스타그래머빌리티'를 고려한다고 한다. 즉, 인스타그램을 포함한 소셜네트워크에서 얼마나 눈에 띄고 화제가 되는 장소인지가 중요하다는 뜻이다. 관광 명소마다 포즈를 취하는 인플루언서들로 넘쳐나는 지금, 여러분도 아마 드릴로의 냉소적인 어조에 공감할지도 모른다. 1888년 조지 이스트먼이 최초의 코닥 카메라를 세상에 내놓고 사람들이 사진을 접하게 된 뒤로, 사진 찍기는 여행의 본질적인 부분이 되었다. 여기서 잠깐, 한 가지 짚고 넘어가자. 인플루언서들이 여행 사진을 찍어서 사람들과 공유하는 게 조금 짜증스럽긴 해도 근본적으로 잘못되었다고 할 수 있을까?

이에 대한 답을 얻으려면 먼저 사람들이 여행 사진을 찍는 이유를 이해해야 한다. 20세기 내내, 관광객들은 사진을 찍어 앨범과 스크랩북에 정성껏 정리해두었다. 이는 개인적인 기록 보관소였다. 사진은 나중에 다시 꺼내봤을 때 강력한 효과를 발휘한다. 아무리 오랜 시간이 지나도 그때의 소리, 냄새까지 되살려준다. 사진이 불러일으키는 놀랍도록 강렬한 감각적 연쇄반응을 경험해보지 않은 사람은 아마 별로 없을 것이다.

인터넷이 등장하기 전까지 이 사진 아카이브는 친구와 친척만 볼 수 있었다. 그런데 가장 이미지 중심적인 소셜네트워크인 인스타그램이 이를 바꾸어놓았다. 여행 사진은 더는 미래에 추억을 되짚을 개인 아카이브가 아니라, 지인은 물론 낯선 사람들을 위한 현재 시제의 공연장이 되었다.

수전 손택은 1977년 에세이 모음집 『사진에 관하여』에서 이렇게 썼다. "사진을 수집하는 일은 세상을 수집하는 것이다." 그 당시에도 여행 사진은 사회자본을 획득하는 수단으로 해석되었다. 손택은 은근슬쩍 이렇게 쓰기도 했다. "카메라 없이 즐겁게 여행하는 건 확실히 부자연스러운 듯하다. 사진은 내가 여행했고 스케줄을 소화했으며 재미있게 즐겼다는 확실한 증거가 되기 때문이다." 인스타그램에서 우리의 여행, 남들이 부러워하는 우리의 멋진 삶에 대한 증거는 수많은 팔로워를 확보할 '무기'가 된다.

영향력 있는 중국 사진작가 이푸 투안은 1974년 『토포필리아Topophilia』에서 친구들에게 자랑하기 위해서뿐만 아니라 자기 경험을 입증하기 위해 호수 사진을 찍는다며 이렇게 말했다. "사진을 포스팅하지 못하는 건 호수 자체가 없어진 것만큼 안타까운 일입니다." 현대 문화에서 어디에나 존재하는 카메라와 이미지로 인해 우리는 자신의 기억에 대한 믿음을 잃게 되었다. 인터넷 속담처럼, '사진이 없으면 없었던 일'인 것이다.

이런 이유로, 여행 사진 촬영에 매달린 나머지 그간 250명이 넘는 사람이 위험한 장소에서 자신의 모습을 찍다가 목숨을 잃었다. 수많은 관광객이 같은 장소에서 같은 풍경을 소름 끼칠 정도로 똑같이 카메라에 담는 이유도 바로 여기에 있다. 이런 경향은 @insta_repeat 계정에서 정확하게 살펴볼 수 있다. 이 계정은 수많은 사용자가 올린 동일한 구도의 사진 콜라주를 12분할로 게시한다. 즉, 파란 텐트 속 초록빛 들판의 풍경을 담은 12가지 사진이 보인다. 헝클어진 긴 머리의 여자 12명이 숲길을 따라 우리를 인도한다. 12명의 사람이 모두 샛노란 비옷을 입고 아이슬란드의 바위 사이 좁은 틈바구니를 뛰어넘는다. 이런 이미지들은 외부 관찰자에게는 똑같아 보이지만, 사진에 찍힌 사람은 자신이 그 사진 안에 있기에 다르게 느껴진다.

잠재적인 사회적 보상 때문에, 그리고 전문 여행 인플루언서의 경우에는 재정적인 보상까지 얻고자 특정 인스타그램 사용자들은 실제와 허구의 경계를 모호하게 만들어버린다. 팔로워들은 사진 속에서 노르웨이의 웅장한 링게달 호수를 사색에 잠겨 바라보는 외로운 사람을 본다. 하지만 똑같은 사진을 찍기 위해 줄지어 기다리는 사람들의 모습은 그 사진 안에 담겨 있지 않다. 발리의 '천국의 문' 앞에 서 있는 관광객이 호수에 비친 모습은 사실 팁을 받고 사진을 찍어주는 현지인이 카메라 렌즈 아래에 거울을 들고 있어 생기는 착시효과일 뿐이다. 어떤 사용자들은 이보다 더 노골적으로 포토샵으로 군중을 지우거나 푸른 하늘을 추가하거나 심지어 한 번도 가본 적이 없는 장소를 배경으로 자기 모습을 합성하기도 한다. 남들에게 멋져 보일 수 있다면 진짜인지 가짜인지 여부는 중요하지 않다.

여행 인플루언서들이 올리는 사진은 여러 방면으로 매우 큰 영향을 미친다. 소셜미디어에서의 인기 덕분에, 노르웨이의 트롤퉁가 절벽을 찾는 연간 방문자는 10년 사이에 800명에서 10만 명으로 급증했다고 한다. 오늘날 수많은 관광지가 자체적으로 소셜미디어 전략을 짜고 있으며, '인스타그래머블'이라고 광고한다. 그다지 새로운 현상은 아니다. 코닥은 이미 1920년대에 미국 도시들의 입구에 무엇을 사진으로 찍을지 알려주는 표지판을 설치했다. 하지만 이런 전략은 인터넷에서 훨씬 더 큰 영향을 미친다. 관광객 증가가 지역 경제에 도움이 될 수도 있지만, 태국의 마야 베이, 필리핀의 보라카이, 하노이의 기차 거리 모두 감당할 수 없을 정도로 몰려드는 관광객들로 인해 어쩔 수 없이 폐쇄되었다.

또한 이런 이미지 자체가 관광객의 건강에도 나쁜 영향을 미치는 사례도 있다. 1980년대 이후, 파리에 방문한 몇몇 일본 관광객들이 '파리 증후군'으로 현기증, 구토 및 환각 증상을 보였다고 한다. 파리 증후군이란 파리의 모습이 이상적인 미디어 이미지에 부응하지 못하자 그에 따른 실망으로 인해 나타나는 문화 충격을 말한다.

사진을 찍어 공유하는 게 부정적인 영향을 미친다면, 대체 어떻게 해야 할까? 인스타그램을 포기하지 않고도 윤리적으로 여행할 수 있을까? 이에 대한 답을 찾으려면 우선 여행할 때 사진을 찍는 이유를 먼저 되짚어봐야 한다. 수전 손택은 관광객이 카메라를 드는 이유가 낯선 곳에서 느끼는 불편함을 없애기 위해서라고 주장한다. "달리 뭐 할 게 없기에, 사람들은 사진을 찍습니다. 이 행동은 경험을 형성합니다. 멈춰 서서 사진을 찍고, 계속 움직이는 거지요."

반대의 이유로, 그러니까 어떤 장소에 더 깊이 심취하기 위해 카메라를 이용할 수도 있다. 어쨌거나 여행의 정신은 사람과 문화와 더불어 새로운 공간과 의미 있게 만나는 것이다. 디지털 관객이 아닌, 자신을 위해 하는 것이다. 사진에 가장 많이 찍힌 헛간을 아무 생각 없이 그냥 멍하게 사진에 담기보다는, 사람들이 주로 다니는 길을 벗어나 이전에 한 번도 본 적 없는 무언가를 찾아보는 건 어떨까? 아니면 헛간을 좀 더 깊이 살펴보고, 그 헛간이 처음에 그렇게 유명해진 이유를 이해하려고 노력해볼 수도 있겠다.

진정한 여행이라는 신화

THE MYTH OF AUTHENTICITY

"나는 여행과 탐험가들을 싫어한다." 전설적인 인류학자 클로드 레비스트로스의 회고록『슬픈 열대』는 이렇게 시작한다. 이 책에서 레비스트로스는 브라질을 비롯해 자신이 여러 나라를 여행하며 겪은 일들을 토대로 여러 생각거리를 건넨다. 그는 탐험가들이 서구 문화와 접촉함으로써 '이제는 사라져버린 현실'의 환상을 영속시킨다고 한탄한다. 이 책은 1955년에 출판되었지만, 레비스트로스의 딜레마는 오늘날에도 여전히 타당성이 있다. 즉, 목적지의 진정한 본질을 경험하기 위한 여행은 자멸적이라는 것이다. 외국인 방문객의 존재는 어떤 장소든 그곳을 다시는 이전으로 돌이킬 수 없을 정도로 바꿔버린다. 세계화된 지구촌에서 외부에 오염되지 않은 순수한 문화를 만나고자 하는 열망은 시대에 뒤떨어진 태도로 보일 뿐이다.

진정한 여행에는 무엇이 필요할까? 아마 누군가는 전세 크루즈와 미리 꼼꼼하게 계획한 휴가와는 정반대의 의미를 떠올릴 것이다. 돈 주고 사지 못하는 경험, 익숙한 길을 벗어나 지역 주민들의 실생활에 스며드는 것 말이다. 하지만 다른 누군가에게 이는 아무런 의미가 없을 수도 있다. 조지 워싱턴 대학에서 관광정치학을 가르치는 인류학 교수 로버트 셰퍼드는 이렇게 말한다. "저는 진정성이 모든 사람에게 중요하다고 생각하지 않습니다. 진정성이란 사실 자신을 세계주의자라고 여기는 사람들의 관심사일 뿐이죠. '여행travel'이 본질적으로 '관광tourism'보다 더 의미 있다거나 바람직하다고

보는 태도는 계급 중심의 전제일 뿐입니다."

수많은 '자칭' 여행자는 자신을 관광객과 다르다고 말하고 싶어 하지만, 사실 이 둘을 명확히 구분하기란 쉽지 않다. 관광객과 마찬가지로 여행자 역시 여가를 즐기기 위해 다른 나라를 찾는 사람이기 때문이다. 여행자와 관광객으로 나누는 이분법은 전자를 고귀하고 후자를 저속한 것으로 간주하지만, 이 두 범주 모두 공통적으로 낯선 땅을 소비자의 관점에서 인식한다. 즉, 이들은 모두 이방인에 초점을 맞춘 경험을 구매하는 것이다. 모든 편의 시설을 갖춘 리조트든 아니면 지역 에어비앤비 임대든 상관없이 말이다. 셰퍼드 교수는 이렇게 말한다. "진정한 것을 경험하려 하면서 시장 제품을 접하는 건 일종의 함정이라고 할 수 있습니다. 관광객을 대상으로 여행지에서 판매되는 물건은 어쩐지 너무 상업적으로 느껴지겠지만 사실 역사적으로도 대성당이 있는 곳은 어디든 여행자를 위한 시장이 있었습니다. 늘 그래왔어요."

'진짜'에 대한 우리의 탐색은 종종 순수함으로 요약된다. 우리 삶을 통제하는 시장의 논리에서 자유로운 곳, 즉 마사이 부족 전사가 휴대전화를 사용하지 않는 세상, 볼리비아 주술사가 영어를 유창하게 구사하지 않는 상황 말이다. 하지만 이를 찾으려는 성향 자체에 문제가 있다. 셰퍼드 교수는 그것이 본질적으로 서구인의 관심사라고 지적한다. 예를 들어, 전 세계적으로 규모가 가장 크기로 유명한 중국인 단체 관광객들은 현대에 영향을 받지 않은 문화를 찾으려는 갈망이 없다. 그는 이렇게 말한다. "저는 이런 현상이 신식민주의를 깊이 반성하지 않은 결과라고 생각합니다. 그곳에 있는 주민들에 대한 배려가 너무나도 부족합니다. 이들을 소비의 대상으로만 여기죠."

『진정성의 힘』의 공동 저자 조지프 파인 2세는 해외에서 진정성을 찾으려는 갈망은 슈퍼마켓에서

"진정한 것을 경험하려 하면서 시장 제품을 접하는 건
일종의 함정이라고 할 수 있습니다."

유기농 농산물을 찾는 것과 비슷하다고 주장한다. "인생을 경험하기 위해 점점 더 많은 돈을 지불하게 되면서, 사람들은 무엇이 진짜이고 무엇이 가짜인지에 대해 더 의문을 품게 됩니다." 일부 관광객들은 자신들이 목격하는 것 대부분이 이방인을 위한 장치라는 사실을 깨닫고는 불편해한다. 관광산업에 종사하는 현지인들은 전통의상을 입고 민족적 특성을 과장하거나 문화를 과시하는 등 자신들의 '진정한' 모습으로 관광객 앞에서 공연을 펼친다. 레비스트로스처럼, 서구와 처음 만나기 전에는 이곳의 문명이 어떤 모습이었을지 몽상하는 건 그저 식민지 시대의 편견이다. 하지만 그렇다고 이러한 상황에 분개한다면 그저 개인적인 깨달음을 얻고자 관광업을 발전시켜 경제적 이익을 얻으려는 국가의 권리를 거부하는 꼴이 될 뿐이다.

여행자들은 항상 해외에서 일정 정도의 수완을 경험할 수밖에 없지만, 모든 여행을 진실하지 않다고 인식할 필요는 없다. 조지프 파인 2세는 이렇게 말한다. "베네치아에 가서 도시를 산책한다면, 그 경험은 진정한 것이라 할 수 있습니다. 하지만 베네치아 거리를 거닐며 그곳을 관광객들을 위한 쇼로 해석할 수도 있지요. 베네치아는 13세기의 모습을 인위적으로 보존하고 있는 도시니까요."

조지프 파인 2세는《뉴욕타임스》의 건축 평론가 아다 루이즈 헉스터블의 말을 인용해 우리의 여행 경험이 '조작된 진짜'일 수 있다고 주장한다. 조작된 진짜는 완전히 가짜가 아닌, 진정성에 대한 환상을 바탕으로 구축된 것을 말한다. 헉스터블은 자신의 책『언리얼 아메리카The Unreal America』에서 유니버설 시티워크를 이런 조작된 진짜 중 하나로 간주했다. 반짝이는 인공 외관은 장식하지 않은 건물들 사이에 눈에 띄게 나란히 놓여 있고, 방문객들은 언제나 내부에서 실제 로스앤젤레스를 즐길 수 있다. 그 속임수는 눈에 잘 띄지 않게 숨겨두었다.

여행에서 마주치는 것에 공연스러운 요소가 있다는 걸 인정한다고 해서 그것이 반드시 가짜라는 뜻은 아니다. 베네치아 곤돌라 사공은 관광객만을 위해 일하며 그들에게 기술을 선보인다. 하지만 그 기술을 완성하는 데 몇 년을 보내야 한다. 그 사람의 진정성이 부족하다고 누가 말할 수 있겠는가? 4개 국어에 능통한 노점상 상인은 자신에게서 물건을 사가는 부유한 여행자보다 훨씬 더 세계주의자라고 할 수도 있다. 이 점을 깨닫는 것이야말로 여행의 리얼리티를 좀 더 확실하게 이해하는 또 다른 단계다.

아이러니하게도, 가장 진정한 여행은 해외 생활을 경험하면서 그 사회에서 자신의 위치를 이해하는 것이다. 외국인으로서 그 사회를 체득하고 들여다볼 때 비로소 자신이 그 지역사회에 어떤 영향을 미치는지 알고 스스로를 통제할 수 있다. 이런 방식이야말로 순전히 소비주의적인 일방적 접근에서 탐험하는 장소와 어우러지는 양면적인 관계로 전환하게 해준다. 진정한 여행은 알지 못하는 리얼리티에 대한 동경이 아니라, 있는 그대로의 세계와 그 안에서의 우리 자신의 위치를 받아들이는 것이다.

기념품에 관하여

ON SOUVENIRS

집은 판에 박힌 일상을 더욱 돈독히 해주고, 여행은 일상에서 벗어나게 해준다. 여행자는 요르단 사막의 고요함이나 양곤 재래시장의 시끌벅적한 소음 한가운데서 불현듯 자신의 내면 세계가 확장되고 있다는 것에 큰 충격을 받는다. 과거와 현재의 자아에 대해 마음속에 의문이 떠오르며, 이 초월적인 순간이 아주 소중하다는 것을 느낌과 동시에 이 순간이 곧장 시들어버릴 것 같은 위기를 맞는다. 그래서 수천 년 전의 여행자들처럼, 주변을 둘러보면서 보존하고 만질 수 있는 무언가를 찾는다. 발 아래 나뒹구는 조약돌 하나, 근처 진열대에 놓인 옻칠한 물건. 그렇다. 바로 기념품이다.

　기념품을 뜻하는 수비니어souvenir는 '기억한다'는 뜻의 프랑스어에서 나왔으며, '마음에 떠오르는'이라는 뜻의 라틴어 수브베니레subvenire에서 기원한다. 기념품을 연구하는 학자들은 몇 가지 독특한 유형에 주목한다. 우선 기념품은 자갈, 모래를 담은 병, 책갈피에 말린 나뭇잎 등 여행지의 자연환경에서 가져온 일부분이거나, 현지에서 구매한 물건, 예를 들어 천으로 짠 숄, 올리브오일 등이다. 어떤 물건이든, 우리는 이것들이 자신만의 기념품이 되길 바라며 나름대로 의미를 부여한다.

　그러나 인간의 은밀한 욕구가 있는 곳에는 언제나 상업성이 따르기 마련이다. 우리는 종종 선물 가게에서 허접한 기념품을 사고 싶은 충동을 느낀다. 기념품 가게에서 파는 수저 세트는 조잡하고 기이하다. 겉보기에 아무 쓸모도 없는 나무조각에는 '그레이트스모키산맥'이라는 문구가 성의 없이

새겨 있다. 마오쩌둥 조각상, 무스 모양 메이플 캔디, 마트료시카 인형…. 심지어 가판대 위에 잔뜩 쌓여서 곧 무너질 듯한, 흔해 빠진 에펠탑 열쇠고리에 지갑을 열고 싶어지기도 한다.

문학 평론가 엘리자베스 하드윅은 자신이 묵던 호텔 방에서 타임스퀘어의 작고 시시한 상점들을 내다보며 이를 '호기심 없는 호기심'이라고 불렀다. 누가 하드윅의 주장에 토를 달 수 있을까? 선물 가게에는 광저우에서 배에 실어 보내온 플라스틱 물건들이 가득하다. 이미 어디선가 봤을 법한 뻔한 물건들만 파는 것 같다.

전문가들은 이처럼 대량 생산된 기념품을 '그림 이미지(엽서)', '마커(머그잔)', '상징적 편법(자유의 여신상 문진)' 등으로 부른다. 이 기념품의 단순한 목적은 그곳에 갔다 왔다는 사실을 증명하는 것이다. 물론 어떤 특정한 물건을 소유함으로써 여행했다는 사실을 분명하게 증명하던 시절도 있었다. 18세 기 그랜드 투어를 하던 부유한 유럽 남성이라면 귀한 포도주, 책, 베네치아의 유리 세공품을 집에 가 져갈 수 있었을 것이다. 그러나 여행의 대중화와 공급망의 세계화는 이러한 신분에 따른 관례를 무 색하게 만들어버렸다. 여행은 더 이상 소수만의 전유물이 아닐뿐더러 누구든 온라인으로 대부분의 물건을 살 수 있게 되었다.

노련한 여행자는 기념품 가게로 눈길을 돌리는 대신에 사람들이 덜 가는 곳을 찾아간다. 그러나 지 방, 전통, 장인과 같은 단어들은 이미 여행의 언어에서 진부해졌으며, 정통성을 찾는 건 그저 기성품에 서 얻는 경험과는 다른 걸 체험하고 싶다는 집착을 드러낼 뿐이다. 롤프 포츠는 사람들이 여행에서 물 건을 구입하는 것과 관련해 역사와 심리학을 탐구한 책『수비니어스Souvenirs』에서 그 특징을 다음 과 같이 말한다.

"여행이 신선하고 흥미진진했다면, 파리 기념품 가게에서 산 중국산 열쇠고리도
개인적인 차원에서는 유럽 여행을 되새길 상징이 될 수 있죠."

"외면적이고 형식적인 진정성을 지나치게 쫓아다니다 보면 여행의 실존적 진정성, 즉 대상이 자기 삶의 맥락에서 의미 있는 순간을 상징한다는 점을 잊기 쉽습니다. 여행이 신선하고 흥미진진했다면, 파리 기념품 가게에서 산 중국산 열쇠고리도 개인적인 차원에서는 유럽 여행을 되새길 상징이 될 수 있죠. 몇 년 후 같은 여행자가 열쇠고리 대신 와인이나 향수를 쇼핑하게 될지도 모르지만, 실존적 차원에서 이 두 가지 구매 모두 특정한 장소와의 진정한 상호작용을 반영합니다."

사실 기념품을 챙기는 일은 여행에만 국한되지 않는다. 부모는 자녀의 젖니를 보관하고, 의사는 수술 중 제거한 장기를 버리지 말아달라는 환자의 요청을 자주 접하기도 한다. 1950년대, 로스앨러모스의 군인들은 소량의 우라늄을 기념품으로 남몰래 챙겼다는 이유로 징계받았다. 정치범들은 자신들이 도주했던 기간에 착용한 신발 등의 특정 물품을 개인적인 기념물로 보관한다고 한다. 소중한 경험이 사라질 위기에 처하면, 우리는 어떤 물건을 통해 기억을 보존하려고 한다. 여행은 본질적으로 일시적이고 응축된 경험을 제공하기에, 기념품은 여행과 가장 밀접하게 관련되어 있다.

중세의 기독교 순례자들은 최초의 자발적인 대규모 그룹 여행자라 할 수 있는데, 이들이 예루살렘에서 무언가를 자꾸 가져가는 바람에 예루살렘 성지의 관리인들은 신성한 본질을 유지하기 위해 경계 태세를 갖춰야 했다. 한 예로 승천의 성역을 관리하던 사람들은 예수께서 걸었다는 길의 흙을 정기적으로 교체해야 했다. 열렬한 숭배자들이 계속해서 흙을 퍼갔기 때문이다.

이런 유적지에서는 병, 소형 십자가, 미니어처, 방문 장소를 인증하는 배지 같은 신성한 기독교 기념품 산업이 번창했다. 기념품을 집으로 가져온 여행자에게는 이 모든 물건이 모두 똑같이 신성해 보인다. 이 물건들에 대한 애착은 신앙심으로 보이지만, 장소의 영적 본질을 담고 있다는 믿음은 오늘날 기념품에 대한 집착에도 고스란히 반영되어 있다. 예를 들어, 몽마르트르 언덕에서 가져온 돌에는 그곳의 석양이 고스란히 담겨 있다. 롤프 포츠는 이렇게 말한다. "성지순례지에서의 종교적 경험은 개인적인 동기로 떠난 여행에서 얻은 미묘한 깨달음, 기쁨과 정서적으로 유사합니다."

중세의 순례자들은 일생에 한 번 예루살렘에 갔다가 살아서 돌아오면 운이 무척 좋다고 할 수 있었다. 기름이 든 유리병이나 은 종에 담긴 신성함은 시간이 지나도 똑같이 남아 있을 것이다. 오늘날의 기념품은 이보다는 훨씬 조잡하고 난잡하다. 선반을 훑어보면 여행에서 만난 사람의 얼굴과 풍경을 떠올리게 하는 몇 가지 품목을 마주하게 된다. 하지만 시간이 지나면 이런 것들의 의미가 모호해지는 경우가 더 많다. 우리는 생각한다. '내가 아일랜드 전통 북은 왜 샀을까?', '그저 스페인어로 '너를 사랑해'라고 써놓은 바르셀로나의 접시가 지금 무슨 소용이 있지?'

롤프 포츠는 어쩌면 삶이 덧없다는 것을 상기시켜주는 이런 물건들에 관해 이렇게 말한다. "기념품은 필연적으로 '죽음의 상징'이 된다고 생각합니다. 기념품은 이렇게 자기 생의 경험을 간직하고 존중하려는 시도를 뜻합니다. 그러나 집으로 돌아가면, 과거 경험이 지독히도 덧없다는 것만 상기시켜주지요."

PART TWO

WILD

야생

산을 오르고 강을 건너다 보면 압도적인 자연의 장엄함을 마주하게 된다.
야생이 우리를 부른다. 자연은 생각보다 가까이 있다.

이스라엘의 험준한 지중해 암벽에 젊은 등반가 커뮤니티가 있다.
이 나라의 암벽 루트 대부분을 개척한 오퍼 블루트릭Ofer Blutrich에게 암벽등반은 커다란 위안이다.
그는 암벽을 새로 오를 때마다 땅과의 유대감이 더 깊어진다고 말한다.

이스라엘에서의 암벽등반

Rock Climbing in Israel

오퍼 블루트릭은 고향 라마트 이샤이에 있는 클라이밍 센터를 언제나 아무 생각 없이 지나치곤 했다. 그러던 어느 날, 한 친구가 함께 암벽등반을 해보자며 블루트릭을 설득했다. 이렇게 취미 삼아 시작한 일이 직업이 되었고, 이윽고 그는 이스라엘 최고의 등반가로 떠올랐다.

블루트릭은 물리치료사로 일하며 지난 20년 동안 이스라엘의 험준한 석회암 절벽, 동굴 및 협곡을 꿋꿋하게 등반했다. 그의 집념으로 소수의 언더그라운드 운동에 머무르던 암벽등반은 이제 이스라엘에서 탄탄한 발판을 갖춘 주류 스포츠로 탈바꿈했다.

여느 지중해 국가들과 마찬가지로, 이스라엘은 험준한 지형과 건조하고 온난한 기후가 특징이다. 하지만 특이하게도 지역은 무척 다양하다. 건조한 네게브에서 차로 200킬로미터 달려가면 농사에 알맞은 비옥한 갈릴리 언덕이 나온다. 그 근처에는 종교 명소도 있다. 블루트릭은 이곳을 찾아오는 등반가들에게 하이파에 베이스캠프를 설치하라고 추천한다. 하이파는 카르멜산 기슭에 위치한 항구 도시인데, 바하이 정원이 관광객에게 무척 인기가 높다. 대부분의 주요 등반지가 인근에 있으며, 당일치기로 텔아비브와 예루살렘에 다녀올 수도 있다. 노련한 등반가들은 이스라엘 등반가협회나 볼더 하이파 페이스북 페이지, 블루트릭의 자체 웹사이트에서 암벽등반 안내를 받아도 좋다. 이 사이트에서는 최신 루트를 무료로 제공한다. 블루트릭은 암벽등반을 처음 접하는 초보자라면 아밋 벤 드로르에게 연락해보라고 조언한다. 드로르는 지역 등반가로, 자신의 회사 하이 포인트High Point를 통해 등반 센터를 운영하고 있다.

블루트릭은 자기 고향에 대해 이렇게 말한다. "등반가들에게 이스라엘은 겨울 휴가를 완벽하게 보낼 기회의 땅입니다. 유럽이 눈에 덮인 시기에도 마음 편하게 등반할 수 있죠. 하루 동안 성소를 모두 둘러본 다음 해변에도 갈 수 있습니다."

오늘날 이스라엘에서 클라이밍은 전례 없는 인기를 누리고 있다. 이스라엘 등반가협회는 현재 회원 수를 2만 5000명으로 추산하고 있는데, 이는 10년 전에 비해 1000퍼센트 이상 증가한 수치다. 또 도시마다 볼더링 체육관이 생겨서 누구나 클라이밍에 쉽게 다가갈 수 있다.

물론 항상 그랬던 건 아니다. 블루트릭이 2001년에 등반을 처음 접했을 때, 약 100명의 산악인으로 이루어진 팀은 사람들에게 '모험심이 무척 강한 사람들의 모임'으로만 인식되었다. 이들은 이스라엘에서 몇 안되는 실내 등반 체육관 변방에 모인 공동체에 불과했다. 야외 암벽등반은 사실 불모지와 다름없었다. 정부에서 자연보호구역에서의 등반을 법으로 엄격히 금했기 때문이다. 이 법은 여전히 유효하다. "많은 등반가가 불법으로 등반을 시작했습니다. 그로부터 10년 뒤, 결국 몇몇 장소에서 등반을 허가해주었지요." 블루트릭의 설명에 따르면, 이스라엘 당국은 일단 루트가 생기고 나면 그제야 등반이 가능한 장소로 인정해주었다고 한다. 비공식적인 수단을 통해 생긴 루트라도 상관없었다.

2017년, 체코의 등반가 아담 온드라가 네제르 동굴Nezer Cave에서 이스라엘의 첫 번째 9a(난이도를 나타내는 암벽등반 등급 시스템) 등반을 완료하고 '클라임 프리'라고 이름 붙였다. 이 이름은 곧바로 소셜미디어에서 엄청난 비판을 받았다. 그는 등반 루트 개발을 막는 이스라엘 정부의 고지식한 태도에 주의를 환기하기 위해 클라임 프리라는 이름을 선택했지만, 사람들은 이 이름이 그 지역의 팔레스타인 사람들이 이스라엘의 군사 점령을 받으며 살고 있다는 사실을 고려할 때 무지할 뿐만 아니라 지나친 특권의식을 나타낸다고 말했다. 클라이밍에서 이러한 정치적 긴장은 언제나 존재한다.

이스라엘 사람들은 특별히 자신들을 위해 건설된 도로를 따라 서안지구의 자연보호구역으로 자유롭게 모험을 떠날 수 있지만, 팔레스타인 사람들은 접근 자체가 제한되기 일쑤다. 또한 서안지구에 있는 도시 라말라에 등반가 커뮤니티가 있지만, 지금까지 이스라엘 등반가와 팔레스타인 등반가 사이에 공식적인 협력은 없었다. 블루트릭은 이렇게 말한다. "이스라엘과 팔레스타인 사이의 문제는 암벽등반에서도 똑같이 존재합니다. 간극을 좁히지 못하고 있어요."

이런 장애물에도, 그는 이스라엘의 잠재력에 대해 여전히 낙관적이다. 그는 몇 년 동안 다른 여러 국가를 돌아보며 경험을 쌓고 난 뒤 이제 북부 이스라엘에서 가장 험난한 루트에 쉽게 도달할 수 있게 되었으며, 그중 많은 루트를 직접 개척했다. 블루트릭은 바위에 볼트를 공들여 박으며 지역 등반가들을 위한 새로운 기준을 설정하는 데 보탬이 되어주었다. 그는 이제 자신의 나라에 훈련할 장소가 있다는 사실을 무척이나 자랑스럽게 여긴다.

블루트릭이 가장 좋아하는 곳은 하이파에서 차로 80분 정도 거리의 분화구에 위치한 네제르 동굴이다. 이 동굴은 들판 한가운데에 자리 잡고 있어서 저 멀리 레바논까지 볼 수 있다. 동굴 내부 종 모양의 아트리움에는 하늘을 향한 원형 개구부로 빛이 스며든다. 동굴의 거친 벽을 가로지르는 등반 루트를 개발하는 데는 8년이 걸렸다. 블루트릭은 이때의 경험을 퍼즐 푸는 것에 비유했다. "암벽등반은 불확실한 스포츠입니다. 걸음을 옮길 때마다 앞으로 어떤 일이 벌어질지 알 수 없죠. 우리는 항상 성공과 실패의 경계에 있습니다. 다음에는 어디를 잡아야 할지, 또 제대로 잡을 수 있을지 알 수가 없어요."

새로운 암반의 퍼즐을 풀 때마다, 블루트릭은 그 바위 표면에 대해 확실히 알게 된다. 네제르 동굴에 관한 그의 전문 지식은 놀랍도록 세세하다. "저는 이곳의 암석을 모두 다 알고 있습니다. 마치 고향에 있는 것 같아요."

왼쪽
—

네제르 동굴은 등반하기 어렵기로 소문
난 코스다. 블루리치는 이곳의 가장 까다
로운 두 루트에 볼트를 박았다.

위
—

블루리치는 여러 나라에 루트를 개척했
는데, 특히 요르단 제벨 움 이스린Jebel
Um Ishrin 남쪽 면의 '글로리'를 추천한다.

위
—

네제르 동굴은 2005년에야 등반가들의 레이더에 포착되었다. 이 동굴은 레바논과의 국경에서 약 800미터 떨어진 곳에 있다.

오른쪽
—

이스라엘에는 이스라엘 등반가협회의 회원만이 루트를 개척할 수 있다는 규정이 있다. 하지만 올바른 장비를 갖추고 있다면 누구든 느슨해진 볼트를 단단히 조일 수 있다.

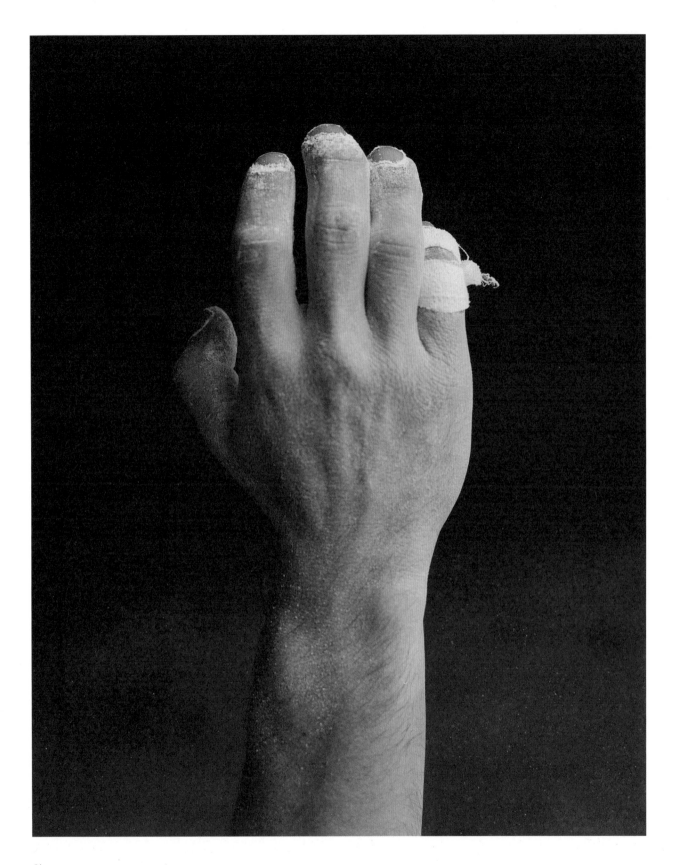

위
—

등반할 때는 까다로운 표면을 단단히 잡을 수 있도록 초크 백을 꼭 챙겨야 한다. 등반 테이프도 반드시 준비하자. 테이프는 좁은 틈을 등반할 때 피부가 긁히지 않게 하고 등반 후에 손을 묶는 데 사용된다.

라스베이거스, 미국
LAS VEGAS, UNITED STATES

호화찬란한 네온 불빛으로 빛나는 라스베이거스의 시내에서 불과 26킬로미터 떨어진 네바다에는 석회암 바위에서 거대한 사암 면에 이르기까지 다양한 등반 루트가 있다. 레드 록 캐니언은 도시에서 차로 20분 거리에 있는데, 길게 펼쳐진 붉은빛의 매력적인 암벽이 등반가들을 유혹한다.

흐울룽, 베트남
HUU LUNG, VIETNAM

몽족 마을의 중심부이자 하노이에서 북서쪽으로 약 100킬로미터 떨어진 외딴 계곡에는 과수원, 들판, 정글 위로 카르스트 지형이 치솟아 있다. 대담한 등반가라면 수직으로 곧장 올라가 석회암에 달라붙어 스릴을 느끼며 멋진 풍경을 감상해보자.

다합, 이집트
DAHAB, EGYPT

이곳 이집트 리조트 타운에서 소규모 스포츠클라이밍 커뮤니티가 생겨나고 있다. 와디 크나이 협곡에는 어린이와 초보자를 포함해 다양한 수준에 맞는 화강암 암벽과 바위가 있다. 협곡 깊은 곳에는 오아시스가 있어 눈길을 끈다.

라말라, 팔레스타인
RAMALLAH, PALESTINE

요르단에서 유학 중이던 미국인 두 명이 예루살렘에서 북쪽으로 약 45분 거리에 있는 석회암 절벽을 발견한 뒤, 본격적으로 서안지구의 스포츠클라이밍이 시작되었다. 이 두 사람이 시작한 클라이밍 체육관과 여행 프로그램은 현재 팔레스타인 사람들이 독점 운영하고 있다.

양쉬, 중국
YANGSHUO, CHINA

중국 남동부 광시성의 치솟은 석회암 카르스트 봉우리 사이에 양쉬라는 도시가 있다. 이곳 카르스트 지형에는 미끄러운 석회암이 많다. 양쉬에는 러스티 볼트Rusty Bolt라는 이름의 작은 클라이밍 주점도 있다. 이곳에서 다른 등반가들과 어울리며 등반에 유용한 팁을 서로 교환해보자.

스코페, 북마케도니아
SKOPJE, NORTH MACEDONIA

캐주얼 등반가들을 위해, 북마케도니아 수도 스코페에서 15킬로미터 떨어진 마트카 캐니언을 추천한다. 5개의 등반 구역에서는 거대한 댐과 호수가 내려다보인다. 더 긴 여행을 원하는 사람들은 수도에서 남쪽으로 100킬로미터 남짓 떨어진 데미르 카피야에 가는 것을 추천한다. 이곳에 12개 구간에 걸친 다양한 코스가 있다.

글래스고는 스코틀랜드에서 가장 아름다운 호수와 협곡, 그리고 먼로와 아주 가까운 거리에 있다.
하이커 자라 마무드Zahrah Mahmood는 먼로를 오르면 발 아래에서 고대의 땅을
관통해 흐르는 독립정신이 느껴진다고 말한다.

스코틀랜드 먼로 오르기

Scaling a Scottish Munro

등산 전날, 자라 마무드는 저녁 내내 진중하고도 꼼꼼하게 날씨를 확인한다. 그다음에는 자동차를 몰고 글래스고로 가는 동안 먹을 토스트와 오믈렛을 만든다. 어린 시절 어머니가 만들어주던 여행 간식이다. 젤리빈, 과일 조각, 그 밖에 집으로 오는 길에 자신을 달래줄 무언가를 잊지 않고 챙긴다. 전부 다 챙기고는 날이 밝기 전에 출발한다.

스코틀랜드에서 가장 큰 도시인 글래스고에서 북쪽으로 1시간 정도 달려가면 로몬드 호수 남쪽 가장자리를 따라 우뚝 솟은 봉우리들이 나온다. 스코틀랜드는 영국에서 산이 가장 많은 곳이다. 이곳에는 먼로, 즉 해발고도 915미터 이상인 산이 282개 있다. 그뿐만 아니라 해발고도 1345미터로 영국에서 가장 높은 봉우리인 벤 네비스도 있다. 수백만 명의 방문객들이 로몬드 호수, 트로서스크 계곡, 하일랜드의 케언곰산맥을 찾는다. 노스 코스트 500 트레일은 인버네스성에서 시작해 약 830킬로미터를 한 바퀴 도는 순회 코스로, 수천 명의 관광객을 광야로 유혹한다. 관광객은 고풍스러운 고대 스코틀랜드 풍경 속에서 하이킹하며 희귀종 식물, 히스가 무성한 황야, 늪지대, 희귀 동물을 마주하게 된다.

마무드가 등반에 처음 도전했던 곳은 벤로몬드였다. 벤로몬드는 974미터 높이의 험난한 오르막이다. 그는 중간에 포기할

뻔했다며, 이렇게 말했다. "벤로몬드에서 시작한 건 약간의 실수였어요. 그래서인지 하이킹에 곧바로 빠지지는 않았죠." 당시 마무드는 회계사 연수생이었는데, 극심한 스트레스에 시달리고 있었고 당장이라도 글래스고에서 탈출하고 싶었다. 당시 친구들이 언덕에서 보내는 하루가 어떤지 알려주었다. "저는 시험 때문에 고군분투하고 있었어요. 정상에 올라 걱정과 불안을 떨쳐내려고 했지요."

6개월 후, 그는 다시 벤로몬드에 도전했다. 그다음에는 파이프에 있는 약간 덜 험준한 웨스트 로몬드에 도전했고, 뒤이어 거칠고 초현실적인 모습의 버넷 스타네Bunet Stane 암석 지대를 지나 정상으로 향하는 트랙을 따라갔다. 마무드는 이렇게 말한다. "그곳은 동굴과 비슷합니다. 풍경을 바라보고 있노라니, 예언자 무함마드도 자연에서 신과 소통하면서 계시를 받았다는 이야기가 생각났어요. 그 뒤로, 저는 제가 하는 일을 의식적으로 되새기려고 노력하고 있습니다."

수만 명의 사람이 마무드의 인스타그램 계정(@the_hillwalking_hijabi)을 보고 통해 그를 따라 모험한다. 마무드의 인스타그램은 스코틀랜드 풍경을 시각의 흐름에 따라 담은 일기이자 대자연에서 얻은 영적 자양분에 대한 기록이기도 하다. 그는 이렇게 말한다. "많은 사람이 산이 자신의 교회라고 말합니다. 저는

늘 산이 저의 모스크라고 농담하지요." 그는 여행을 떠날 때면 내장형 나침반이 달린 기도용 매트도 꼭 챙겨 간다고 말했다.

마무드는 글래스고에 가서 신선한 산 공기를 마시고 싶은 방문객들을 위해 퍼스셔를 추천하며 이렇게 말한다. "과소평가된 곳입니다. 사람들에게 경치 좋은 곳이 어디냐고 물어보면 아마 애비모어 또는 글렌코라고 알려줄 거예요. 그러나 퍼스셔야말로 역사가 깊은 곳이에요. 초창기에 저는 벤 브래키Ben Vrackie(약 838미터)에 자주 올랐는데, 세상의 꼭대기에 서 있는 기분이었습니다. 숲을 지나고 강을 지나 가파른 언덕길을 오르다 보면 마침내 케언곰산맥이 눈앞에 펼쳐져요."

글래스고의 산은 독특한 역사를 지니고 있다. 20세기 초, 주로 경제적으로 여유 있는 사람들이 여가 시간을 활용해 인근 봉우리까지 암벽등반 경로를 표시하기 시작했다. 그 뒤를 이어 조선소 노동자들이 여기에 합류했다. 이들은 쉬는 날에는 자전거를 타고 코블러산 봉우리에 오르거나, 간단한 로프와 장비를 챙겨 암벽이나 신문 방수포 아래에서 밤을 지새웠다. 이로써 오늘날 신선한 산 공기를 다 함께 만끽하게 되었다. 킬패트릭 언덕의 왕이Whangie와 같은 쉬운 산책로와 더불어, 코블러는 글래스고에서 당일치기로 다녀올 수 있는 인기 등반 코스로 남아 있다. 그곳에 가면 바위를 지나 하일랜드의 멋진 경치를 만날 수 있다. 또한 해안에서 해안으로 이어지는 '존 뮤어 길'은 주말마다 다른 루트를 선택하며 산책할 수 있는 편리한 코스이기도 하다.

마무드는 이제 수십 개의 먼로를 등반했으며, 서른 살이 되기 전에 총 30개의 먼로에 오를 목표를 세웠다. 이 계획은 코로나바이러스 확산으로 늦춰졌지만, 최근 몇 달 만에 15개의 먼로를 등반해 흘려버린 시간을 만회했다. 마무드는 이렇게 말한다. "저는 온종일 산속에 들어가 파묻혀 있는 게 좋아요. 그러고 나면 정신적으로 매우 가벼워진 느낌을 받지요. 글래스고를 걷다가도 킬패트릭 언덕이나 캠시 펠즈를 바라보곤 하죠. 그곳을 바라보는 것만으로도 마음이 평온해지거든요."

왼쪽
—

노련한 등산객들은 험준하지만 그만큼
매혹적인 길을 찾는다. 글래스고에서 차
로 약 5시간 거리에 있는 스탁 폴레이드
정상에 오르려면 가파른 언덕을 지나야
한다.

위
—

마무드는 언덕을 걷는 즐거움을 처음부
터 곧바로 느끼지는 못했다. 처음에는 벤
로몬드 정상에 오르기 위해 엄청나게 고
군분투했다.

위
—

글렌코 북쪽에는 야생 염소의 서식지가
있다. 이곳은 해발 약 857미터로, 먼로 높
이에는 미치지 못한다. 약 762미터가 넘
는 이런 산은 '코베트'라고 불린다.

오른쪽
—

스코틀랜드에서 시행 중인 출입의 자유
관련법은 누구나 공공 토지에 접근할 수
있도록 보장한다. 하일랜드 플록톤 마을
주변의 캐런호에는 큰돌고래, 알락돌고
래, 수달 등 해양생물이 많다.

더블린, 아일랜드
DUBLIN, IRELAND

아일랜드의 수도 더블린 근교에서 바위
절벽, 등대, 갯벌, 바위 해변과 야생 수영을
즐기는 사람들을 만날 수 있다. 바다보다
산을 더 좋아한다면, 인근의 위클로산맥에
가보자. 그곳에 가면 숨이 차 헉헉댈 만큼
엄청나게 가파른 하이킹 코스를 마주하게
된다.

홍콩, 중국
HONG KONG, CHINA

홍콩의 번화한 대도시는 홍콩의 일부에
불과하다. 홍콩섬은 가파른 산이 많고 숲이
우거졌으며 면적은 약 80제곱킬로미터에
이른다. 홍콩섬에는 하이킹 코스가
촘촘하게 뻗어 있는데, 몇 시간 동안 산을
오르다 보면 서퍼들이 파도를 즐기는
빅 웨이브 베이에 도착한다.

트리에스테, 이탈리아
TRIESTE, ITALY

베네치아보다 슬로베니아와 크로아티아에
더 가까운 트리에스테는 이탈리아 북동쪽
해안에 있다. 중부 유럽의 카르스트 고원이
지중해와 만나는 곳으로, 도시에서
시작하는 산책로를 따라가다 보면 가파른
해안 절벽 아래 푸르른 바다가 펼쳐진다.

나가노, 일본
NAGANO, JAPAN

겨울에 가면 1998년 나가노 동계 올림픽에
서 우승을 차지한 카차 시징거와 헤르만
마이어가 경기했던 트랙에서 스키를
즐길 수 있다. 스키가 목적이 아니라면
꼭 겨울에 가지 않아도 좋다.
어느 때에 가든 계절마다 달라지는
일본의 풍경을 감상할 수 있다.

리우데자네이루, 브라질
RIO DE JANEIRO, BRAZIL

리우데자네이루를 생각하면 산이 곧장
떠오른다. 언덕 꼭대기에 자리 잡고 있는
예수상으로 올라가면 도시의 멋진 전망을
감상할 수 있다. 인접한 산봉우리에 올라
좀 더 예상 밖의 풍경을 마주해봐도 좋다.

루앙프라방, 라오스
LUANG PRABANG, LAOS

루앙프라방 주변의 시골길을 걷다 보면
우거진 정글 위로 높이 치솟은 카르스트가
눈길을 끈다. 이곳에 있으면 세상과 동떨어
져 있는 느낌을 받게 된다. 촘펫 하이킹은
루앙프라방에서 페리를 타고 메콩강을
가로질러 불교사원 네 곳을 지난다.
이곳 승려들은 수 세기에 걸쳐 사원의
프레스코화를 장식했다.

뉴질랜드의 온천은 역설적인 모습을 보여준다. 신비로운 매력 속에서 휴식을 취하려면 불모지의 땅을
지나야 하기 때문이다. 뉴질랜드에서 웰니스 산업을 이끄는 루시 빈센트Lucy Vincent는 이렇게 말한다.
"비록 가는 길은 험난하지만, 목적지에 도착하면 순수하고 평화로운 느낌으로 보상받지요."

뉴질랜드에서의
와일드 웰니스

Wild Wellness in New Zealand

사람들이 뉴질랜드를 꼭 가보고 싶은 곳으로 손꼽는 이유는 울창한 원시 우림, 험준한 산, 웅장한 빙하, 깨끗한 해변 등 인간이 정착하기 전의 시대를 상기시키는 손때 묻지 않은 자연을 볼 수 있다는 기대감 때문이다. 물론, 온천도 빼놓을 수 없다.

북섬의 지열 지역 중심부 로토루아의 타라웨라 호수에서는 증기가 신비롭게 피어오른다. 스킨케어 기업 '산스수티컬'의 설립자 루시 빈센트는 그 모습이 고풍스럽고 신비로워 보인다고 말한다. 호수 물의 풍부한 미네랄 성분은 항염증과 피부 진정 효과가 있는 것으로 알려졌다. 빈센트는 온천욕을 하고 나면 그 성분이 충분히 흡수되도록 몇 시간 동안 샤워하지 말라고 조언한다.

빈센트는 열한 살의 나이에 가족과 함께 영국에서 뉴질랜드로 이주한 뒤로 줄곧 자신을 자랑스러운 뉴질랜드인, 즉 키위Kiwi라고 여겼다. 그가 자연을 좋아하는 이유는 뉴질랜드에서 자라며 자유롭게 자연을 접할 수 있었기 때문이기도 하다.

빈센트는 처음으로 타라웨라 호수를 헤엄치며 따뜻한 물과 시원한 물이 만나는 것을 느꼈을 때의 경험에 관해 이렇게 말한다. "정말 낯설었어요. 놀라움 그 자체였지요." 로토루아의 악명 높은 유황 냄새는 아무런 문제가 되지 않았다. 빈센트는 어린 시절에 후각을 잃었기 때문이다.

이 경이로움은 역사가 깊다. 토착민 마오리족은 지열수의 의약 성분 및 회복 효과를 높이 평가했으며, 특정 호수는 영적 또는 의식적으로 중요하게 여겼다. 나와ngāwhā(끓는 샘)는 요리하거나 직물을 짜기 위한 '아마'를 준비하는 데 사용되었으며, 와이아리키waiariki(따뜻한 웅덩이)는 목욕, 빨래 및 휴식을 위한 장소였다. 19세기 후반부터 유럽 정착민들은 뉴질랜드 열 자원을 활용하기 시작했고, 정부는 건강 리조트를 지었다. 이로 인해 마오리족과 정부 사이에 갈등이 일었다. 온천 시설들은 1960년대까지만 해도 인종적으로 분리되어 운영되었다.

세계 여러 지역에서 온천 탕은 어쩐지 안락한 이미지로 소비된다. 사람들은 돌돌 만 수건, 향기로운 화장품, 일광욕 의자를 기대한다. 그런 경험은 로토루아, 남섬, 핸머 스프링스, 루이스 패스, 프란츠 요제프에 생겨난 관광 명소에서 만끽할 수 있다. 타우포 호수에서 온천욕을 즐기면 카페와 바도 이용할 수 있다. 하지만 이보다 색다른 경험을 하며 자신에게 몰입하고 싶다면 광원으로 나가보자.

뉴질랜드에서 최고로 손꼽히는 온천 탕에 가려면 풀밭을 지나 걸어가야만 한다. 몇 시간 또는 며칠을 하이킹하고 때로는 정부가 관리하는 단출한 오두막에 머물러야 할 때도 있다. 뉴질랜드 사람들은 이를 '트램핑'이라고 부른다. 빈센트는 이렇게

말한다. "차에서 내려 곧장 리조트 침대로 펄쩍 뛰어들거나 인공 수영장으로 풍덩 뛰어드는 편안한 여행이 아니에요. 약간의 배짱과 용기와 땀이 필요하지요."

혹스 베이의 카웨카 삼림공원에 있는 만가타이노카 온천에 가려면 3시간 동안 덤불을 헤치며 울퉁불퉁한 땅 위를 걸어야 한다. 모하카강 옆의 마누카 대지에 위치한 웅덩이 3곳은 물을 조절하는 밸브만 갖추고 있는데, 이곳에서 나무가 이루어 놓은 지붕의 놀라운 풍경을 감상할 수 있다.

빈센트는 이렇게 은밀하게 숨은 보석과도 같은 온천에 가려면 조금 더 대담해야 한다고 말한다. "뉴질랜드에서 온천을 즐기려면 모험심이 있어야 합니다. 저는 사람의 발자취를 찾기 힘든 길을 걷는 경험에 마음이 끌려요." 지도에 표시되지 않은 샘물도 있다. 주변 사람들한테 물어보면 친절한 현지인이 가는 길을 자세히 알려준다. 어쩌면 가파른 땅을 거쳐 아무 표시가 없는 길을 따라가라고 할지도 모른다. 장비를 꼼꼼하게 챙겨 변덕스러운 날씨에도 대비해야 한다. 어쨌거나 야생의 땅이니 말이다. 코로만델의 핫 워터 비치로 가려고 한다면 삽도 챙겨야 한다. 직접 모래를 파야 온천수가 나오기 때문이다.

이곳에서 '호사를 부린다'는 말의 의미는 비싼 비용을 지불하고 얻는 편안한 경험이 아니라 귀한 물과 거친 환경에서 소중한 순간을 누리는 것이다. 빈센트는 이것이야말로 본질적으로 뉴질랜드에서만 느낄 수 있는 경험이라고 생각한다. 이는 '웰니스'를 사고팔 수 있는 프리미엄 제품으로 취급하는 현대의 접근 방식과 극명한 대조를 이룬다. 제공하는 모든 것이 깔끔하고 청결한 유럽 고급 온천과는 달리 뉴질랜드의 자연은 그 자체로 순수하기 때문에 회복력이 훨씬 더 강력하다.

수년 동안 갔던 모든 휴가지 중에서, 빈센트는 그곳이 해변 캠프장이든 하이킹으로 간 온천 탕이든 뉴질랜드에서 캠핑하는 것만큼 일상생활에서 진정으로 벗어나는 경험은 없었다며 이렇게 말한다. "이런 환경에서, 이 모든 요소가 한데 어우러지면 완벽하게 무념무상에 빠지게 되죠. 그리고 나면 완전히 새로운 사람이 된 기분으로 세상에 돌아옵니다. 야생에서 얻는 소중한 경험입니다. 안락한 리조트에서는 절대 얻을 수 없는 경험이지요."

왼쪽
—

사람들은 19세기부터 타라웨라 호수로
몰려들었다. 와이루아 스트림 온천 탕은
보트를 타고 가거나 숲이 우거진 호숫가
를 따라 걸어서 갈 수 있다.

위
—

타라웨라 호수 얕은 곳에는 큰 바위가 둥
글게 모아져 있어 그 안에서 온천을 즐
기기 좋다. 몸을 담글 수 있도록 좀 더 큰
바위를 알맞게 배치한 곳도 있다.

위
—

빈센트의 브랜드는 '웰니스는 덜어낼수
록 좋다'는 콘셉트를 추구한다. 또한 지속
가능성도 강조하는데, 온천은 이 모든 걸
충족시켜준다.

오른쪽
—

14킬로미터 길이의 타라웨라 호수 둘레
길은 로토루아에서 15분 거리에 있는 타
라웨라 로드의 테 와이로아 주차장에서
시작해 핫 워터 비치 기슭에서 끝난다.

던튼 핫 스프링스, 미국
DUNTON HOT SPRINGS, UNITED STATES

경제적 여유가 있고 옛날 분위기를 좋아한다면 콜로라도주 던튼의 1800년대 유령 도시를 통째로 빌려보자. 수 세기 동안 광부들의 사랑을 받아온 천연 온천이 자연 친화적 리조트로 탈바꿈했다.

체나 핫 스프링스, 미국
CHENA HOT SPRINGS, UNITED STATES

1904년, 미국 지질 조사원 한 명이 알래스카 내륙 깊숙한 계곡에서 연기가 모락모락 솟아오르는 장면을 목격했다. 그 뒤, 두 명의 광부가 그 증기의 근원지에서 온천을 발견했다. 오늘날 복합단지로 개발된 이곳 온천에서는 탕에 몸을 담근 채 오로라를 즐길 수 있다.

헤비즈 호수, 헝가리
LAKE HÉVÍZ, HUNGARY

헝가리의 헤비즈 호수는 세계에서 가장 큰 온천 호수다. 이곳에서 여유롭게 수영을 즐겨보자. 물은 23도 아래로 떨어지지 않는다. 특유의 화학 성분으로 인해 박테리아가 번성하는데, 이 박테리아에는 특별한 치료 효과가 있다고 한다.

포자르, 그리스
POZAR, GREECE

그리스어로 '뜨거운 강'를 뜻하는 테르포타무스강Thermapotamus River은 김이 모락모락 피어오르는 따뜻한 미네랄워터를 포자르의 천연 수영장과 인공 수영장으로 보낸다. 이곳은 그리스와 북마케도니아 국경 근처에 있다. 차가운 물도 동시에 경험하고 싶은 사람이라면 뜨거운 수영장에 인접한 차가운 천연 수영장으로 뛰어들어도 좋다. 차가운 물이 싫다면 그저 따뜻한 물에 편안히 앉아서 근심 걱정을 털어내보자.

하코네, 일본
HAKONE, JAPAN

일본 전역에는 사람들이 즐겨 찾는 온천 또는 온천 리조트가 무척 많다. 하코네 마을과 이곳 노천탕은 후지산 밑에 자리 잡고 있어, 광천수에 몸을 담근 채 완벽하게 대칭을 이루는 산을 감상할 수 있다.

상미겔, 아조레스제도
SÃO MIGUEL, AZORES

아조레스제도는 거칠고 아름다운 화산섬 마카로네시아의 일부로, 마카로네시아는 마데이라, 카보베르데, 카나리제도로 구성되어 있다. 감사하게도, 요즘에는 상미겔섬에서 용암 대신 뜨거운 광천수가 뿜어져 나온다. 페라리아 온천Termas da Ferraria에 몸을 담가보자. 철 성분이 다량 함유된 푸르나스 물웅덩이에 몸을 담가봐도 좋다.

스카이라인을 수놓는 테헤란의 산을 향해 조금만 차를 몰다 보면, 가파르고 아름다운 셈샤크
슬로프가 나타난다. 여자 스키 국가대표팀 감독 사미라 자르가리Samira Zargari에게
이곳은 분주한 도시 생활에서 차분한 균형을 유지하게 해주는 장소다.

이란, 도시에서 스키장으로

From City to Slope in Iran

테헤란의 스카이라인 위로 엘부르즈산맥이 위용을 자랑한다. 번쩍이는 도심 고층 빌딩 사이로 우뚝 솟은 이 산맥을 중심으로 남쪽에는 이란 고원의 건조한 사막이, 북쪽에 카스피해의 울창한 숲과 해변이 펼쳐진다. 지역 주민들은 봄이면 산기슭에 올라 흐드러지게 핀 꽃을 감상하고, 여름에는 시원한 개울에 몸을 담근다. 나뭇잎이 빨강, 주황, 노랑으로 물들면 테헤란 시민들은 이제 곧 도시를 빠져나가 장엄한 산을 즐길 때가 되었다는 것을 직감한다.

이란 수도에서 북쪽으로 1시간만 자동차로 달려가면 이 지역 최고의 스키 슬로프가 나타난다. 가장 흥미진진한 스키 코스는 다마반드산의 기슭에 자리 잡고 있다. 이 도시 외곽에 있는 약 5500미터 높이의 이 거대한 휴화산은 중동에서 가장 높은 봉우리다. 수십 년 동안, 이란인들은 그 주변으로 펼쳐진 가파른 비탈을 질주하는 스릴에 흠뻑 빠졌다.

이란에서 가장 유명한 스키 리조트는 셈샤크다. 이 작은 마을은 1950년대부터 스키 애호가들을 반갑게 맞아왔다. 가파른 슬로프도 유명하다. 셈샤크의 오랜 경쟁 지역이기도 한 인근의 디진 스키 리조트에는 초심자용 코스가 있다. 해가 진 뒤에도 곤돌라 리프트는 계속 돌아가며 조명은 줄곧 켜져 있다. 테헤란의 디제이들은 하우스 음악과 이란 인기 팝을 틀어 야외 파

티를 연다. 이런 다채로운 즐거움에도 불구하고, 셈샤크의 명소는 단연 스키 슬로프다. 이곳은 이란 최고의 스키어들을 유혹한다.

이란의 유명한 스키어이자 이란 여자 스키 국가대표팀 코치인 사미라 자르가리는 이렇게 말한다. "셈샤크는 이란에서 가장 전문적인 슬로프로 평가받습니다. 북쪽의 활강 코스는 햇빛이 잘 들고 스키 시즌 대부분 부드러운 눈으로 덮여 있지요." 지구 온난화로 인해 많은 유럽 리조트가 부족한 눈을 보충하기 위해 제설기의 힘을 빌리지만, 엘부르즈산맥은 눈이 많이 내리기 때문에 슬로프가 스키 시즌 내내 완벽한 상태다. 12월부터 4월까지 적설량이 일정하기에 스키 시즌이 긴 편이며, 1월과 2월은 눈 상태가 최고로 좋다.

프랑스의 영향이 절정에 달했던 1930년대에 스키가 이란에 처음 소개되었다. 고요한 산악 마을 여름 목초지에 스키 리프트가 건설되었으며, 그 후 이곳은 순식간에 인기 겨울 휴양지가 되었다. 도시 외곽의 부유한 동네 벨렌자크에도 곤돌라가 설치되어, 자동차 없이도 토찰 리조트까지 갈 수 있게 되었다. 편리한 접근성과 저렴한 가격(1일 패스의 경우 850리라, 약 20달러) 덕분에 이란에서 스키는 오랫동안 인기 있는 스포츠로 자리 잡았다. 그러나 최근 몇 년 동안 미국의 제재 때문에 막대한 경제

적 피해를 보았다. 리알화 가치가 80퍼센트 폭락하는 바람에 대부분의 이란인이 스키 티켓을 구매할 수 없게 되었다.

자르가리는 줄곧 셈샤크에 정착해 살았다. 1980년대, 그가 3살이 되던 해 그의 가족은 이란-이라크 전쟁 동안 매일 테헤란에 떨어지는 폭탄을 피해 안전한 산악지대로 피난을 왔다. 자르가리는 농담 삼아 이렇게 말한다. "어쩌다 보니 저도 모르게 스키를 타기 시작했지요." 전쟁이 끝나고 나서 테헤란으로 다시 거처를 옮겼지만, 1년의 대부분을 셈샤크에서 보냈다. 어린 시절 슬로프에서 많은 시간을 보내다 보니 결국 올림픽에 도전하고 싶은 야망도 생겼고, 현재 국가대표팀 코치로 일하게 되었다. 그는 차세대 챔피언을 키우겠다는 꿈을 이루기 위해 셈샤크 스키학교를 운영하며 초보자를 가르치고 있다. 자르가리는 이렇게 말한다. "셈샤크는 테헤란에서 불과 1시간 거리에 있지만, 완전히 다른 세계 같아요. 조용하고 평안하죠. 이곳은 이란에서 가장 평화로운 곳입니다."

셈샤크는 친근하고 안락한 분위기를 자아낸다. 슬로프 곳곳에 호텔이 있는데, 곡선형 흰색 외관에 이글루 모양의 객실을 갖춘 멋진 호텔도 있고 수십 개의 통나무집과 저렴한 호스텔도 있다. 어디를 선택하든, 스키 뒤풀이 행사를 즐길 수 있다. 숯불로 우려낸 차를 마시는 것이야말로 스키를 타고 난 뒤 몸을 녹이는 가장 이상적인 방법이다. 자르가리는 지역 특산물 두 가지를 추천한다. 찐 쌀과 콩으로 요리한 담포크탁dampokhtak과 산에서 난 허브로 만든 발락 폴로valak polo다. 저녁 식사가 끝나면 레스토랑에서는 오렌지 민트 또는 더블 애플 향이 나는 물담배를 즐길 수 있다. 셈샤크는 테헤란 시민뿐 아니라 이곳을 찾는 모두에게 휴식을 준다. 이곳에서 친구를 사귀고 함께 어울리며 여유로운 시간을 가져보자.

"셈샤크는 테헤란에서 불과 1시간 거리에 있지만, 완전히 다른 세계 같아요."

왼쪽

이란의 북쪽에 인상적인 엘부르즈산맥이
동서로 뻗어 있다. 편안하게 앉아 풍경을
감상하고 싶은 여행객이라면 테헤란역
으로 가면 된다. 그곳에 산맥을 가로질러
다녀올 수 있는 당일치기 관광 기차가 다
닌다.

위

바린 스키 리조트는 셈샤크에서 가장 눈
에 띄는 건물이다. RYRA 스튜디오에
서 흩날리는 눈발을 본떠 디자인했으며,
2011년에 완공했다.

위
—

리조트에서 장비와 기능성 스키복을 빌
릴 수 있다. 테헤란에는 최신 장비를 갖
춘 대규모 전문 매장이 있지만 가격은 다
른 나라보다 약간 비싸다.

오른쪽
—

이란은 겨울에 눈이 많이 내리는 편이지
만 스키 시즌은 짧다. 선수들은 약 3개월
정도만 상태 좋은 설원에서 스키를 즐길
수 있다. 이 때문에 이따금 해외로 전지
훈련을 가야 하는 경우가 있다.

므자르, 레바논
MZAAR, LEBANON

베이루트에서 크파르데비안의 민둥산 봉우리까지 거리는 불과 51킬로미터밖에 안 된다. 물론 알프스 만큼은 아니지만, 슬로프가 잘 갖춰져 있다. 스키를 즐기고 베이루트로 돌아와 지중해에서 수영한 후 저녁에는 생선 요리를 맛보자.

에트나산, 시칠리아
MOUNT ETNA, SICILY

흔히 이탈리아에서 스키를 즐기려면 알프스에 인접한 돌로미티에 가야 한다고 생각한다. 하지만 시칠리아 위로 3300미터 이상 높이 솟아 있는 에트나산에서도 나름대로 개성 있는 스키 휴가를 보낼 수 있다. 알파인 스키어와 노르딕 스키어 모두가 즐길 수 있는 바다 전망과 화산 지대 코스도 있다.

크레아, 알제리
CHRÉA, ALGERIA

알제리의 국립공원에 자리 잡은 크레아 스키 리조트는 알제리 전쟁 중 프랑스와 맞붙은 민족해방전선을 비롯해 다양한 집단의 군사기지 역할을 한 곳이다. 현재는 알제리 유일의 공식 스키 리조트이다.

샌가브리엘산, 미국
SAN GABRIEL MOUNTAINS, UNITED STATES

청명한 겨울날, 로스앤젤레스의 고속도로를 달리다 보면 눈 덮인 봉우리를 볼 수 있다. 1시간 정도 운전해 이곳에 가보고, 일몰 시각에 맞춰 말리부 해변으로 돌아오자.

티핀델, 남아프리카공화국
TIFFINDELL, SOUTH AFRICA

남아프리카 지역에는 스키 리조트가 두 군데 있다. 그중 하나는 레소토에 있고, 다른 하나는 남아프리카공화국의 티핀델 리조트다. 엄청난 위용을 자랑하는 벤 맥드후이 산자락에 약 1.3킬로미터의 스키 코스가 자리 잡고 있다. 이곳에서는 추위를 조심해야 한다. 온도가 약 영하 21도까지 떨어진다.

트레드보, 오스트레일리아
THREDBO, AUSTRALIA

오스트레일리아에서는 모든 게 멀리 있다. 트레드보 스키 리조트도 예외는 아니다. 시드니와 멜버른에서 차로 6시간 거리에 있다. 그래도 일단 도착하면 오스트레일리아에서 가장 높은 산에 자리한, 오스트리아의 상트 안톤을 모델로 한 스키 리조트를 마주할 것이다. 여름에 가면 자전거를 타고 질주할 수도 있다.

북대서양의 이 척박한 외딴섬 지역에서 주민들은 언제나 슬로푸드와 함께해왔다.
오늘날 파울 안드리아스 지스카Poul Andrias Ziska를 비롯한 여러 셰프들은 관광객들에게 페로제도의
옛 요리와 옛 모습을 선보이고 있다.

페로 전통 요리의 재해석

New Old-Fashioned Faroese Food

스코틀랜드와 아이슬란드 사이에 자리 잡은 페로제도는 나라 어디에서든 5킬로미터 내에 바다가 펼쳐져 있다. 북대서양에 고립된 이 험준한 군도는 피오르로 갈라져 가파른 산길, 다리, 해저터널로 이루어진 구불구불한 도로망과 이어진다. 비바람이 거세게 몰아치는 척박한 섬에 사는 페로 사람들은 수 세기 동안 생존에 필요한 모든 것을 자급자족해야 했다. 이곳의 풍경은 이들의 특정한 삶의 방식을 그대로 보여준다.

페로제도는 사람이 거의 살지 않는 소박한 땅이라는 이미지로 오늘날 매력적인 관광지로 떠오르고 있지만, 사실 이곳의 주민들은 꽤 현대적인 삶을 누리고 있다. 개발지수 상위 국가에 계속해서 이름을 올리고 있으며, 세계에서 실업률이 무척 낮은 지역에 속한다. 정부 보조금으로 운영하는 헬리콥터 서비스가 외딴섬의 공동체를 서로 연결해주기도 한다.

하지만 여전히 섬 주변에는 글로벌 공급망과 슈퍼마켓이 생기기 전의 시절을 떠올리게 하는 모습이 많이 남아 있다. 그중 하나가 발효 전통이다. 냉장고가 보급되기 이전, 대부분의 문화권에서 음식을 보존하기 위해 훈연이나 소금을 사용했다. 하지만 페로에서는 나무가 거의 자라지 않았고 역사적으로 소금을 생산할 수단이 없었다. 그래서 이곳 사람들은 건식 발효에 의존해야 했다. 지금도 대부분의 가정에서는 밖에서 흔히 볼

수 있는 작은 나무 통나무집, 얄라르hjallar의 그늘진 곳에서 양고기와 생선을 말려 곰팡이를 피운다. 나무 틈 사이로 소금기를 머금은 해풍이 이 통나무집을 통과하는데, 이렇게 바다와 가까운 곳에서 바닷바람을 맞으며 발효된 양고기와 생선에서는 이곳 특유의 강렬하고 오묘한 풍미가 생긴다. 맛만 보고도 그 고기가 이곳 18개 섬 중 어디에서 말린 것인지 알아맞히는 주민도 있다고 한다.

이곳에서 유일하게 미슐랭 스타를 받은 콕스KOKS 레스토랑의 젊은 수석 셰프이자 페로 요리를 널리 알리는 데 앞장서고 있는 파울 안드리아스 지스카는 페로 사람들은 이 땅에서 키운 양의 약 90퍼센트 정도를 이 방식으로 발효해서 먹는다며 이렇게 말한다. "우리는 오늘날에도 여전히 양고기를 발효시켜 먹습니다. 생고기를 바로 먹는 건 부끄럽게 여기죠. 전통을 보존하려는 목적은 아닙니다. 그저 맛있게 먹으려고 그 방법을 선택하는 거죠."

통나무집에서 발효시킨 페로제도의 발효 고기는 섬 밖의 사람들에게는 좋은 평을 받지 못했다. 오랫동안 덴마크 사람들은 페로 문화와 요리를 높이 평가하지 않았다. 19세기에 이 섬을 찾았던 이들은 코펜하겐으로 돌아간 뒤 악취가 지독하고 구더기가 들끓는 이곳 고기에 대해 혹평을 쏟아내기도 했다.

지스카는 이렇게 말한다. "뭐, 그 정도로까지 나쁘다고는 생각하지 않습니다. 하지만 이런 평가 때문에 손님을 대접할 때 그대로 낼 만한 요리는 아니라고 생각하게 되었지요."

페로 요리의 르네상스를 주도하고 있는 콕스 레스토랑에서는 인기 있는 전통 요리를 장난스럽게 재해석한 발효 양고기와 대구를 내놓는다. 치즈와 함께 굽는 달콤한 비스킷인 고다라드 góðaráð의 풍미를 살리기 위해 소스 대신 우지로 크림을 만들고 그 위에 발효된 생선을 갈아서 얹는다. 지스카는 이렇게 말한다. "언뜻 평범해 보이지만 막상 입에 넣고 나면 깜짝 놀랄 거예요. 예상과는 다른 식감을 느끼게 될 겁니다."

발효 고기는 지스카가 세계 각국에서 온 손님들을 위해 콕스 레스토랑에서 재현한 전통 중 일부일 뿐이다. 레스토랑에 가려면 수도에서 20분 거리에 있는 레위나우아튼 기슭으로 가야 한다. 그곳에 가면 자동차가 험준한 비포장도로를 달려 레스토랑에 데려다준다. 이 레스토랑은 18세기 농가를 개조해 만들었고, 전통적인 잔디 지붕을 갖추고 있다.

페로 사람들에게 고급 식당은 고사하고 외식으로 식사 비용을 지출한다는 개념은 여전히 생소하다. 하지만 두 번이나 미슐랭 스타를 받은 콕스 레스토랑의 성공은 페로 요리가 그 자체로 최고 수준이라는 사실을 확실하게 보여주었다. 콕스 레스토랑의 경영자 요하네스 젠슨은 섬 전역에 13개의 레스토랑을 열어 발효 요리를 적극적으로 선보이고 있다. 또한 카트리나

크리스티안센 같은 사람들이 젠슨의 뒤를 따르고 있다. 지스카는 이렇게 말한다. "이곳 사람들은 이제 고향의 음식을 자랑스러워하게 되었습니다."

콕스 레스토랑은 2011년에 문을 연 이래로 섬에서 모든 식재료를 조달하는 데 전념해왔다. 이는 페로에서 나는 농수산물을 알리는 것뿐 아니라, 페로 사람들이 자연환경과 맺고 있는 특별한 관계를 보여주겠다는 철학에 입각한 것이다. 대부분의 페로 사람은 여전히 자신이 기른 양을 직접 잡아 요리한다. 그리고 온 가족이 이 과정에 참여한다.

지스카는 이렇게 말한다. "우리에게는 매우 자연스러운 방식입니다. 죽이지 않고는 고기를 얻을 수 없으니까요. 이런 사실을 외면하면 생태계 전체가 어떻게 작동하는지 제대로 알 수가 없지요."

지스카는 현지에서 구할 수 있는 식재료를 사용하지 않고 수입에 의존하는 것은 지속하기 어려운 방식이라고 주장한다. 이런 사고방식은 그림처럼 아름다운 이 군도에 사는 사람들에게만 해당하는 게 아니다. 스스로 일구고 개발하며 극한의 자연환경에 적응한 이들의 경험은 음식을 생산하고 소비하는 데 책임감을 지니고 인도적으로 생각할 기회를 준다.

그는 이렇게 덧붙인다. "음식에 다가가는 페로만의 방식에는 배울 점이 많습니다. 생각해보세요. 더 바람직한 방법이 있는데도 그걸 선택하지 않는 건 부끄러운 일이지요."

왼쪽
—

콕스 레스토랑은 레위나우아튼에 있다.
본관은 1740년에 지은 건물로, 전통적
인 현무암 돌담과 잔디 지붕이 특징이다.
2018년 《뉴요커》에서는 콕스 레스토랑을
'세상에서 가장 고립된 미식가의 목적지'
라고 칭했다.

위
—

페로제도의 지형은 산악인들에게 무척
매력적이다. 페로에서 등반은 요즘에야
새롭게 주목받는 스포츠지만, 역사적 뿌
리는 깊다. 페로 사람들이 바닷새를 사냥
하기 위해 밧줄을 사용해 바다 절벽을 내
려가곤 했으니 말이다.

위
—

페로 사람들은 홍합을 잘 먹지 않는다.
홍합은 물고기 미끼에 불과하다. 지스카
는 바위가 많은 해안선의 장점을 적극적
으로 활용해 홍합 요리를 콕스 레스토랑
메뉴로 선보였다.

오른쪽
—

이 그림은 조직적으로 고래를 사냥하는
'그라인다드랍'의 모습을 보여준다. 환경
보호단체에서는 계속해서 이러한 고래
사냥을 비난하지만, 정부는 강하게 규제
하지 않고 있다.

왼쪽
—

생선 발효의 성공 여부는 기상 조건에 달려 있다. 너무 더우면 생선이 상하고 너무 추우면 발효 과정이 오래 걸린다. 날씨를 정확하게 예측할 수 없기에 무척 까다롭다.

위
—

페로제도에서는 집을 지을 때 전통적으로 자작나무 껍질을 켜켜이 깔고 그 위에 잔디를 심은 잔디 지붕을 얹는다. 이렇게 만들어진 지붕은 단열 효과가 좋고 방수가 잘된다. 호기심 많은 방문객이라면 잔디 지붕을 얹은 숙박 시설을 찾아 하룻밤 묵는 것을 추천한다.

위 왼쪽
—

토르스하운의 항구는 술 한잔하며 보트
가 들어오는 모습을 지켜보기에 더할 나
위 없이 좋은 장소. 페로제도는 1992년
까지 바와 레스토랑의 알코올 판매를 금
지했다. 오늘날에도 이 조치가 완전하게
풀리지는 않아 많은 점포가 와인과 맥주
만 판매하고 있다.

오른쪽
—

헤더 또는 히스라고 부르는 야생의 풀은
황무지의 열악한 조건을 잘 견딘다. 콕스
레스토랑에서는 이 야생화로 테이블을
장식한다.

플로라의 필드 키친, 멕시코
FLORA'S FIELD KITCHEN, MEXICO

플로라의 농장에서 시작된 레스토랑이다.
이곳은 원래 인근 카보 산 루카스에 있는
리조트의 여러 레스토랑에 유기농 농산물을
공급했었다. 레스토랑에서는 목장에서 직접
기르고 재배한 식재료만 사용한다.

*Animas Bajas, San José del Cabo, Baja
California Sur*

가존 레스토랑, 우루과이
RESTAURANTE GARZÓN, URUGUAY

이 레스토랑을 찾는 행운의 손님들은
인근 대서양에서 잡은 생선을 맛볼 수 있다.
마을 잡화점이었던 큰 벽돌 건물 안에
식당이 있다.

Costa Jose Ignacio, Garzón

오픈 팜 커뮤니티, 싱가포르
OPEN FARM COMMUNITY, SINGAPORE

이 커뮤니티는 싱가포르 도시와 지방의
열악한 식량 공급 고리를 탄탄하게
형성하기 위해 설립되었다. 이 커뮤니티의
대규모 부지에는 주방에서 쓰는 허브와
마크루트 라임이 자란다. 바라문디 등의
재료는 좀 더 멀리 떨어진 싱가포르
주변 섬에서 조달받기도 한다.

130E Minden Rd

바빌론스토렌, 남아프리카공화국
BABYLONSTOREN, SOUTH AFRICA

케이프타운 중심부에서 차로 40분 거리에
있다. 와이너리에 가보면 초현대적인 호박
정원과 고풍스러운 거대 허브 장식으로
꾸며진 환상적인 풍경이 펼쳐진다.
레스토랑에서는 그 농장에서 재배한
농산물로 요리한 음식을 선보인다.

Klapmuts/Simondium Rd, Simondium

체즈 파니스, 미국
CHEZ PANISSE, UNITED STATES

앨리스 워터스 셰프는 버클리의
주방에서 정성껏 준비한 유기농 식사를
내놓는다. 이 식당은 1971년에 문을 열고
현지 농장에서 소량의 유기농 농산물을
조달해왔는데, 그 과정에서 현재
전 세계적으로 '캘리포니아 요리'로
알려진 요리를 탄생시켰다.

1517 Shattuck Av, Berkeley, California

드 카스, 네덜란드
DE KAS, NETHERLANDS

암스테르담의 탁월한 농장 직거래 시스템은
북유럽 기후의 자연적 한계를 극복하게
해주었다. 이 식당은 실내 수경재배와
LED 조명으로 1년 내내 허브와 채소를
수확한다. 도시 외곽의 넓은 들판은 부족한
재료를 채워준다.

Kamerlingh Onneslaan 3, Amsterdam

레바논은 고품격 포도 재배 전통을 지닌 나라다. 마허 하브Maher Harb가 운영하는 셉트Sept 와이너리 같은
햇볕 따사로운 시골 포도밭에서 느긋하게 즐기는 지중해식 식사는 현지 와인과 환상적인 조화를 이룬다.
레바논에는 7000년의 역사를 자랑하는 특별한 와인 시음 방법도 있다.

레바논의 포도원에서

In the Vineyards of Lebanon

셉트 와이너리는 유서 깊은 레바논 해안 마을 바트로운 고지대에 자리 잡고 있다. 구불구불 이어진 산길을 따라 올라가다 보면 한쪽으로 떡갈나무가, 다른 쪽으로 푸른 계곡이 보이는 탁 트인 전망이 펼쳐진다. 상쾌하면서도 살짝 건조한 공기에는 백리향, 샐비어, 오레가노 등 향기로운 야생 허브 내음이 배어 있고, 활기차게 지저귀는 새와 귀뚜라미의 울음소리가 들려온다. 이런 환경은 레바논 유일의 바이오다이내믹 농법을 활용하는 셉트 와이너리의 소유주 마허 하브가 토종 포도를 재배하는 데 완벽한 조건이 되어준다.

하브는 레바논 포도밭이 지닌 가치와 특징을 되살리겠다는 사명에 무척 열정적이다. 물론, 하브 말고도 이 지역의 많은 와인 주조자가 레바논 테루아의 잠재력을 믿는다. 이곳은 세계에서 손꼽히는 오래된 와인 양조장 중 하나다. 레바논은 영토가 넓지 않음에도 양조장이 56곳이나 있는데, 1990년도에 15년에 걸친 내전이 끝난 뒤에는 양조장이 고작 5곳에 불과했다는 사실에 비추어볼 때 이 숫자는 무척 인상적이다. 대부분의 양조장은 베카 계곡의 고지대 평원에 자리 잡고 있다. 1857년 예수회 수도사가 설립한 레바논에서 가장 오래되고 가장 큰 와이너리인 샤토 크사라 또는 최근에 생긴 샤토 마르시아스를 여행하면서 바알베크의 로마 유적지도 방문할 수 있다. 로마 유적지에는 포도주의 신, 바커스에게 헌정한 거대한 사원도 있다.

사실 레바논의 포도주 양조 역사는 로마보다 훨씬 오래되었다. 기록에 따르면 페니키아인들은 무려 기원전 2500년에 이집트로 와인을 수출했다고 하는데, 이는 의심할 여지 없이 레바논의 토종 품종으로 만든 것이다. 레바논의 현대적인 부티크 와이너리들에서는 바로 이 품종의 대중화에 힘쓰고 있다. 대부분의 오래된 와이너리는 주로 카베르네 소비뇽, 메를로, 생소 같은 프랑스 포도를 재배하는 반면, 새로운 와이너리들에서는 크림을 함유한 오바이데흐 및 감귤류의 메르와흐 같은 레바논 토착 화이트 품종을 재배한다. 더 나아가 샤토 케프라야의 파브리스 기베르토 같은 포도주 양조업자들은 지금은 거의 자취를 감춘 '아스와드 카레흐'와 '아스미 누아르' 같은 토착 레드 품종을 되살리려 힘쓰고 있다.

레바논은 작은 나라치고는 와인 종류가 퍽 인상적일 뿐만 아니라 수도 많다. 부티크나 전 세계 온라인 판매점을 통해 다양한 와인을 구입할 수 있으니 참고하자. 시음에 관심이 있는 와인 애호가라면 와인 작가 마이클 카람의 책 『레바논의 와인 Wines of Lebanon』을 가이드로 활용해도 좋다. 하지만 가장 좋은 방법은 와이너리를 직접 방문해 와인에 생명을 불어넣은 바로 그 테루아를 느끼며 와인을 맛보는 것이다. 더 나은 방법은

와인 양조 과정을 알려주는 가이드 투어에 참여하는 것이다.

베이루트에서 셉트 와이너리를 찾아가려면 자동차를 렌트하거나 택시를 이용하는 것이 가장 좋다. 하브는 집에 방문한 모든 손님을 마치 오래된 친구처럼 극진하게 환대한다. 하브를 따라 계단식 들판을 가로질러 눈부신 햇살 속에서 포도를 어떻게 재배하는지 들어보자. 그가 직접 만들어주는 요리를 맛봐도 좋다. 레바논 풍미를 가미한 신선한 제철 지중해 요리로, 하브가 포도원 주변에서 구한 야생 아스파라거스와 부추, 부드러운 새 마늘 싹이 쓰인다. 탁 트인 하늘 아래, 풀이 무성한 산등성이에 놓인 나무 탁자 위에 맛난 음식이 차려져 있을 것이다. 그곳에 앉아 지중해의 풍경을 만끽해보자. 지평선 끄트머리에는 반짝이는 바다를 향해 초록빛 언덕이 한 줄기 구름을 뚫고 폭포처럼 흘러내린다. 하브는 음식과 궁합이 잘 맞는 다양한 와인도 신중하게 골라 내놓는다. 그는 자신의 와인을 맛보는 이들이 '자신의 산, 자신의 레바논, 자신의 테루아'를 제대로 음미하길 소망한다.

하브에게 셉트 와이너리는 비즈니스라기보다 소명에 가깝다. 많은 사업가가 자신의 이름을 넣은 브랜드화를 꿈꾸지만, 하브의 경우 굳이 그럴 필요가 없다. 어차피 포도원을 운영하는 철학이 곧 자기 인생철학이기 때문이다. 그는 프랑스에서 돈은 되지만 영혼이 없던 일터를 과감히 포기하고 레바논으로 돌아와 내전 중에 사망한 아버지가 남긴 농장을 직접 일구고 경작했다.

하브에게 땅으로 돌아온 것은 치유의 과정이었다. 이제 하브는 땅을 치유하고자 농사를 짓고 있다. 그는 살충제를 뿌리거나 첨가물을 넣지 않고 자연 그대로 와인을 만든다. 또 지구의 리듬에 따라 음력에 맞춰 농사를 짓는다.

레바논은 최근 힘든 시기를 겪고 있다. 2019년 10월 봉기로 얻은 짧은 희망의 시기는 코로나바이러스 전염병이 앗아가 버렸다. 경제 붕괴가 일어났고 통화 가치가 폭락했다. 설상가상으로, 2020년 8월 베이루트 항구에 방치된 질산암모늄 2000톤이 누출되는 바람에 역사상 가장 큰 비핵 폭발이 일어났다. 하브 역시 이런 타격을 받을 때마다 휘청댔지만, 다시 회복하고 재정비하기 위해 고군분투하고 있다. 그는 이 모든 일을 겪으면서도 행성과 음력 달력의 주기에 따라 씨를 뿌리고 거두며 와이너리를 운영해오고 있다. 땅과 마찬가지로 그의 와이너리도 끊임없이 발전하고 있다.

밀물과 썰물을 지배하는 우주의 강력한 힘은 하브의 계단식 밭에서 자라는 섬세한 껍질에 싸인 포도 속 과즙에도 동일한 자력을 발휘할 것이다. 지금 레바논이 처한 상황은 너무나도 버거워 보이지만, 이 땅의 깊은 역사 앞에서 보자면 잠깐의 격동에 불과하다. 이 땅은 페니키아, 로마, 오스만 등 수많은 제국의 흥망성쇠에서부터 도시 전체를 휩쓸고 해안선을 무너뜨린 지진에 이르기까지 다양한 격변을 겪었다. 자연의 순환이 주는 교훈은 레바논에 가보면 명확히 알 수 있다. 모든 것은 시간이 지나면 역사의 한 부분으로 남는다. 그리고 그 흔적은 하브의 와인 한 병마다 가득 찬 테루아 속 풍미에 담겨 있다.

왼쪽
—

평화로운 날레Nahle 마을은 관광 코스에서 멀찌감치 떨어져 있지만, 차로 단 10분 거리에 체류를 연장하려는 방문객들을 위한 아름다운 베이트 두마Beit Douma 게스트 하우스가 있다.

위
—

셉트 와이너리의 포도밭 주위 초원에 꽃들이 만발해 있다. 바트로운 해안선이 내려다보이는 테라스에서 선보이는 요리에는 오스테오스퍼멈 같은 식용 꽃이 들어간다.

위
—

하브가 키베 바타타를 준비하고 있다. 이
요리는 밀, 감자, 양파 및 향신료로 만든
채식 버전의 레바논 전통 키베다. 요리를
완성하는 데 사용되는 버진 올리브오일
은 동네 마을에서 조달받는다.

오른쪽
—

셉트 와이너리의 주방에서는 제철 농산
물로 요리를 준비한다. 레바논 시골에는
야생 마늘, 딜, 백리향, 샐비어, 오레가노,
야생 아스파라거스, 부추 등의 채소가 풍
부하게 자란다.

옐랜즈, 뉴질랜드
YEALANDS, NEW ZEALAND

뉴질랜드 남섬의 말보로 지역 곳곳에는
우수한 와이너리가 여러 곳 있다. 옐랜즈는
오랫동안 환경 파괴 없이 운영되고 있는
와이너리 중 하나다. 지붕은 태양열 패널로
덮여 있고, 가지치기로 잘라낸 덩굴은 물을
데우는 연료로 사용된다. 또한 포도 덩굴
사이에 야생화를 심어 물을 잘 빠지게 해서
침식을 방지한다.

메이사라, 미국
MAYSARA, UNITED STATES

오리건의 녹음이 우거진 윌래밋 밸리에
위치한 메이사라 와이너리. 이곳을
운영하는 양조업자 모에 몸타지는 삼대에
걸친 이란 포도주 양조업자 집안 출신이다.
몸타지는 식구들과 함께 혁명이 일어난
이란을 탈출해 미국에 망명해 우여곡절
끝에 와인 양조의 길에 들어섰고, 이곳에서
선조들의 바이오다이내믹 농법을 따라
와인을 생산하고 있다.

포데레 르 리피, 이탈리아
PODERE LE RIPI, ITALY

언덕 위에 지은 중세 성을 둘러싸고 있는
이곳은 100퍼센트 산지오베제 브루넬로
디 몬탈치노를 생산하는, 몇 안 되는
바이오다이내믹 와이너리 중 하나다.
이 지역의 점토 협곡 때문에 이곳에서
생산하는 와인에는 독특한 미네랄이
들어 있다.

크링클우드, 오스트레일리아
KRINKLEWOOD, AUSTRALIA

이곳 와이너리는 프로방스 정원에서부터
라스코 동굴의 벽화에서 모티프를 얻은
와인병 라벨에 이르기까지 프랑스의
전통 포도원에서 영감을 받았다.
이곳에서 클래식 샤도네이, 세미 스위트
세미용, 마데이란 포도로 가장 잘 알려진
베르델류를 생산한다.

에밀리아나 포도원, 칠레
EMILIANA VINEYARDS, CHILE

칠레에서 가장 큰 바이오다이내믹
와이너리다. 이곳 포도밭을 배회하는
알파카는 그저 귀여움만 담당하는 게
아니다. 알파카의 배설물은 포도덩굴에
자양분을 공급해 바이오다이내믹
순환구조를 이룬다. 이곳의 바이오다이내믹
과정에는 농장의 모든 동식물이 참여한다.

퐁듀-프라두, 프랑스
FONDUGUES-PRADUGUES, FRANCE

이곳에서는 늦은 밤과 이른 새벽에 수확한
포도로 세심하게 만든 블렌드의 한정판
와인을 생산한다. 이렇게 하면 생트로페의
향긋한 기후가 와인의 은은한 색상과
풍미를 잃지 않게 하면서 와인의 온도를
최대한 서늘하게 유지할 수 있다고 한다.

케첨에서는 어느 길을 따라가든 광활한 아이다호 광야를 만날 수 있다.
어드벤처 레이서 리베카 러쉬Rebecca Rusch는 자전거로 자갈길을 달리는 것은 일상에서 벗어나
아이다호주의 아름다운 오지를 탐험하는 유쾌한 방법이라고 말한다.

자전거로 즐기는 아이다호

Idaho by Bike

케첨의 한가운데에서 어느 방향으로든 몇 블록만 걸어가면 마을 가장자리에 이른다. 75번 국도는 이곳과 이어진 유일한 포장도로이고, 마을에서 벗어난 나머지 도로는 모두 흙길이다. 한때 쇼쇼니족과 배넉족의 고향이었던 아이다호 중심부의 이 작은 지역에는 세계에서 가장 오래된 스키 리조트는 물론, 소투스 국유림과 새먼-찰리스 국유림이 몇 분 거리에 있다. 다른 교통수단보다 자전거를 이용하면 울창한 숲, 울퉁불퉁한 산길, 탁 트인 평원을 지나 더 빠르게 더 멀리 갈 수 있다.

전문 어드벤처 레이서 리베카 러쉬는 처음 케첨으로 여행을 떠나기 전에는 아이다호가 썩 마음에 들지 않을 거라 생각했다. 시카고 출신인 러쉬는 1996년부터 차를 몰며 서부를 탐험했다. 어드벤처 레이싱에 참여하며 빨간색 포드 브롱코 자동차에서 숙식을 해결했다. '보석'이라는 애칭을 지닌 이 아이다호에 대해 러쉬가 알고 있던 건 그저 그곳이 감자 원산지라는 것뿐이었다. 그런데 케첨의 번화가에서 도보로 얼마 가지 않았을 때, 불현듯 뻥 뚫린 공간이 나오며 높이 솟구친 주변 산이 눈에 들어왔다. 러쉬는 그때를 이렇게 회상한다. "마치 산이 저를 감싸 안아주는 느낌이 들더군요."

처음에 그는 자신이 오프로드 사이클링 천국을 발견했다는 사실을 깨닫지 못했다. 그 지역에는 약 322킬로미터에 이르는 수백 개의 트레일이 있다. 러쉬는 그중에서 해리먼 트레일과 같은 비교적 쉬운 코스를 좋아하는데, 그곳은 소투스 국립 휴양지 본부에서 갈레나 로지까지 이어지는 약 31킬로미터의 자갈길이다. 그는 약 56킬로미터의 갈레나 로지 트레일의 꼬불꼬불한 단일 트랙도 좋아한다. 그리고 그의 집 바로 뒤로는 42킬로미터 길이의 애덤스 협곡 트레일 코스도 있다.

사실 러쉬는 모험 경주 중 사이클링을 가장 싫어했다. 2004년, 경기 중에 친구의 죽음을 목격한 뒤 실의에 빠지고 설상가상으로 후원금도 바닥나자 러쉬는 새로운 열정을 찾기 시작했다. 그러다 케첨에서 답을 찾았다. "개발되지 않은 광활한 이곳 작은 마을에 사는 사람들은 모두 운동 능력이 뛰어났어요. 이 사람들은 저를 환영해주었죠. 제가 이방인이 아닌 것처럼 느껴졌어요. 손님이 아니라 가족 같았죠."

지역 라이더들은 러쉬를 기꺼이 받아들였다. 자전거를 사랑하는 법만 안다면 러쉬가 경주에 완벽하게 적합하다고 생각했다. 2005년 10월, 러쉬는 '케첨 이프 유 캔' 팀에 합류해 유타에서 열린 24시간 모압 산악자전거 경주에 참여했다. 그 뒤 10년 동안 사이클링 세계에서 빠르게 입지를 굳혔다. 리드빌 트레일 161킬로미터 산악자전거 경주에서 4년 연속 우승했고, 2016년에는 탄자니아의 킬리만자로산 정상까지 자전거를 타고 올랐

다. 2015년에는 베트남 전쟁에서 비행기가 사라진 곳을 찾는 원정대에 참가해 호찌민 트레일을 자전거로 여행했다. 2019년, 러쉬는 산악자전거 명예의 전당에 이름을 올렸다. 그는 자신의 업적에 대해 이렇게 말한다. "페달을 제대로 굴릴줄도 모르던 소녀에게 정말 놀라운 일이 일어났죠."

러쉬는 케첨에서 발견한 것을 사람들과 함께 나누기 위해 2013년에 자신의 이름을 딴 레이스 '리베카의 프라이빗 아이다호'를 개최했다. 노동절 주말마다 열리는 이 레이스는 주로 비포장도로에서 달리는 그래블 그라인더다. 러쉬가 그래블 그라인더를 선택한 이유는 로드 사이클링과 산악자전거 사이의 경계를 모호하게 할 뿐만 아니라 그래블 바이크가 모험이라는 콘셉트에 완벽하게 적합하기 때문이었다. 그래블 바이크는 어디서든 탈 수 있다. 장비 및 의류를 임대하거나 구매하고 싶은 사람에게는 메인 스트리트에 있는 '스터테반트Sturtevants'를 추천한다. 몇 블록 안에 필요한 장비를 다 구할 수 있는 자전거 매장이 6곳 더 있다.

러쉬가 주최하는 경주는 선 밸리 로드에서 시작해서 끝나는데, 이곳은 케첨의 북동쪽 황야로 향하는 트레일 크릭 로드의 굽이진 포장도로다. 트레일 크릭을 벗어나면 430미터의 구불구불한 흙길을 오르게 되고, 돌아올 때는 가드레일이 없는 좁은 길을 따라 험난한 내리막길을 달린다. 불과 150년 전만 해도 나무 마차가 이 위험한 길을 가로질러 찰리스 광산에서 케첨의 제련소까지 광석을 운반했다고 한다. 이곳은 새먼-찰리스 국유림으로 들어가는 관문이기도 하다. 국유림의 면적은 8만 제곱킬로미터가 넘는데, 이는 아이다호 표면적의 38퍼센트에 해당한다. 이 땅에는 회색곰, 엘크, 큰뿔양, 무스, 회색늑대가 여전히 어슬렁거린다.

러쉬는 사람들이 케첨에 와 자신의 레이스를 즐기고 주변을 탐험하며 오래 머물러주기를 바란다. "이곳에 오면 정말 100년 전으로 돌아간 듯한 느낌을 받게 될 거예요. 이곳에는 꽉 막힌 게 없어요. 탁 트인 공간만 있을 뿐입니다."

왼쪽

—

케첨의 모토는 "작은 마을, 커다란 삶"이
다. 수많은 유명인이 이곳을 거쳐갔다. 헤
밍웨이도 케첨에서 살다 묘지에 묻혔다.
현재 그의 집은 작가 창작 공간으로 사용
되고 있다.

위

—

초보자에게 적합한 단거리 산악자전거
루트인 밸리 뷰 루프 트레일을 오르기
전, 주차장에서 장비를 챙기는 러쉬. 이
트레일을 달리다 보면 아래 펼쳐진 계곡
은 물론이고 볼드산, 보울더 및 파이오니
어산의 전망을 감상할 수 있다.

위
—

선 밸리 리조트 트랙을 따라가고 있는 러쉬. 이곳 리조트는 스키 센터로 가장 잘 알려졌지만, 거의 644킬로미터에 달하는 싱글 트랙 트레일도 있다.

오른쪽
—

로키산맥의 가장 높은 곳에는 1년 내내 눈이 덮여 있지만, 케첨의 날씨는 변화무쌍하다. 여름은 대체로 맑은 하늘 아래 따뜻하고 건조하지만, 밤에는 기온이 뚝 떨어지므로 항상 외투를 챙겨야 한다.

티롤, 오스트리아
TYROL, AUSTRIA

티롤의 산악 풍경은 고산지대의 전형적인 모습을 보여준다. 겨울에는 스키를, 여름에는 사이클링을 즐길 수 있다. 야생화 초원, 고산 목초지, 험준한 봉우리, 숲이 우거진 경사면의 풍경은 쉭쉭 거리는 자전거 바퀴 소리와 더불어 생동감을 선사한다.

실크로드, 키르기스스탄
THE SILK ROAD, KYRGYZSTAN

키르기스스탄 남동부를 통과하는 고대 실크로드에서 사이클링을 할 예정이라면, 이따금 멈춰야만 한다는 걸 명심하자. 중국 검문소가 키르기스스탄 영토를 따라 나란히 뻗어 있어 경찰관이 수시로 비자를 확인하기 때문이다. 조금 번거롭겠지만, 사이클을 타다 보면 귀찮음을 감수할 가치가 있는 여행임을 알게 될 것이다.

산 마르코스, 미국
SAN MARCOS, UNITED STATES

샌디에이고 바로 북쪽에 있는 대학 도시 산 마르코스는 레크리에이션 용도로 약 113킬로미터가 넘는 트레일을 만들고 있다. 이 중 3분의 2가 이미 건설되었다. 남부 캘리포니아의 태양 아래서 호수와 연못, 떡갈나무로 덮인 구불구불한 언덕이 반짝인다.

아틀라스산맥, 모로코
ATLAS MOUNTAINS, MOROCCO

마라케시에서 찍은 휴가 사진 배경에 눈 덮인 봉우리가 우뚝 솟아 있는가? 그곳이 바로 하이 아틀라스산맥이다. 이곳에는 작은 마을 베르베르를 지나는 가파른 자갈 자전거도로와 쭉쭉 뻗은 바위가 가득한 국립공원이 있다.

코로만델, 뉴질랜드
COROMANDEL, NEW ZEALAND

코로만델은 뉴질랜드의 수도 오클랜드 바로 동쪽에 있어 쉽게 접근할 수 있다. 이 지역에서 가장 인기 있는 트레일은 하우라키 레일로, 오래된 금광 루트를 따라 멋진 해안 풍경을 감상할 수 있다.

스와르트버그산맥, 남아프리카공화국
SWARTBERG MOUNTAINS, SOUTH AFRICA

이곳의 약 27킬로미터 거리의 도로는 세계에서 가장 아름다운 산길로 손꼽힌다. U자로 구부러진 험난한 산길이니 여유로운 속도로 좀 더 느긋하게 지나가기를 추천한다. 이 지역은 조류가 많은데, 특히 검은수리를 조심하자.

블루리지는 최근 주목을 받기 시작한 애팔래치아의 마을이다. 블루리지에 관해 물으면,
누군가는 '애틀랜타의 뒷마당'이라고 하고 누군가는 '조지아에 있는 송어들의 수도'라고 알려줄 것이다.
플라이 낚시꾼 빌 오이스터Bill Oyster처럼 후자라고 대답하는 사람들에게, 이곳의 강은
1년 내내 즐길 수 있는 스포츠, 그리고 명상하는 방법을 함께 안내해준다.

조지아에서의 플라이낚시

Fly-Fishing in Georgia

18세기 후반, 관광객들은 조지아 북부 애팔래치아산맥의 온천 수를 즐기기 위해 블루리지로 모여들었다. 오늘날의 관광객은 옛날과는 조금 다른 이유로 이곳 강둑을 찾는다. 바로 플라이 낚시다.

토코아강은 블루리지의 가장자리를 따라 테네시 남부에서 조지아까지 흐른다. 전 세계의 낚시꾼들은 무지개송어와 브라운송어를 낚기 위해 1년 내내 온화하게 흐르는 이 강으로 몰려든다.

세계적으로 유명한 플라이낚시 장인 빌 오이스터는 이렇게 말한다. "선장이 모는 배를 타고 낚시하는 주낙 낚시와는 다릅니다. 이곳에서 '의자에 오래 앉아 있기' 세계 신기록을 세워보세요. 그만한 가치가 있을 겁니다. 진득하게 기다리면 기다릴수록 더 많은 것을 얻을 수 있으니까요."

블루리지의 번화가에는 오이스터의 2층짜리 작업장이자 매장인 오이스터 파인 뱀부 플라이 로드Oyster Fine Bamboo Fly Rods가 있는데, 현지인과 관광객 모두가 즐겨 찾는다. 아래층에서는 낚시꾼들이 벽난로 주변에서 이야기를 나누고, 위층의 방 4개짜리 조용한 여관에서는 주인이 투숙객을 맞이한다. 외관이 역사적인 건물들과 비슷해서, 낚시용품 가게임에도 마치 이 지역의 철도 역사를 떠오르게 한다. 이 지역의 기차는 한때

목재나 탄광에 필요한 물건을 싣고 달렸지만, 지금은 관광객을 태우고 토코아강의 경치 좋은 강둑을 따라 달린다.

사우스캐롤라이나에서 태어나 조지아로 이주해온 오이스터는 이곳 시내 매장에서 19세기 기술을 사용해 전통적인 낚싯대를 만든다. 대나무를 사람의 머리카락보다 얇고 정교하게 다듬어 비단실로 묶고 양은으로 장식한 이 낚싯대를 완성하는 데는 짧게는 40시간에서 길게는 250시간이 걸리며, 비용은 수천 달러에 이른다. 유명 인사, 소설가, 억만장자, 영국 왕실에서부터 전 미국 대통령 지미 카터에 이르기까지 열렬한 낚시꾼들이 그에게 낚싯대 맞춤 제작을 의뢰하기도 했다. 오이스터는 직접 낚싯대를 만드는 방법을 알려주는 수업도 진행하는데, 이 수업에 참여하려면 예약한 뒤 1년 이상 대기해야 한다.

오이스터는 파타고니아에서 바하마에 이르기까지 전 세계에서 낚시를 해봤지만, 진달래와 월계수가 만발하는 블루리지 주변 숲에서 하는 플라이낚시야말로 그 자체로 마법 같다고 말한다.

보트를 타고 강 위에 둥둥 떠서 하는 낚시를 선호하는 낚시꾼이 있지만, 작은 개울로 걸어 들어가서 잡는 낚시를 선호하는 낚시꾼도 있다. 나름대로 관리된 개울도 있지만, 야생 그대로의 개울도 있다. 초보자나 물고기가 특히 잘 잡히는 곳의 정보를 원하는 사람은 가이드의 도움을 받아도 된다. 오이스터

가 그랬던 것처럼 책으로 공부하며 기본을 배울 수도 있고, 유튜브 동영상을 찾아봐도 좋다. 낚시를 즐기기 위해서는 낚싯줄을 이리저리 휘두르는 방법이나 제물낚시를 선택하는 방법, 특정 계절과 날씨를 고려하고 적절한 직물을 고르는 기술을 반드시 습득해야 한다. 블루리지 플라이낚시 스쿨에는 초보자를 위한 3시간의 입문 과정과 하루 일정의 낚시 투어 프로그램이 있다. 물론 장비 대여도 포함이다. 오이스터의 상점 정면에 19세기 벽돌 벽을 맞대고 있는 코후타 낚시 회사의 플라이 숍에서 가이드를 구할 수도 있다.

기초지식과 장비 키트에 대한 이해 외에도, 이곳에서 낚시를 하려면 낚시 면허가 필요하다. 또한 수로에 영향을 미치는 댐 방류 일정도 숙지하고 있어야 하며, 동료 낚시꾼을 방해하지 않고 낚시를 할 수 있도록 낚시 예절도 익혀야 한다. 오이스터는 이렇게 말한다. "당신만의 경험을 즐기면서도, 다른 사람들도 각자 자신이 원하는 방식으로 경험을 얻을 수 있도록 보장해줘야 하지요."

이곳 지역사회에서 공유하고 있는, 잡은 물고기를 다시 풀어주는 관습을 익히는 것도 중요하다. "잡은 물고기를 풀어주지 않으면 물고기에게 해를 끼치게 될 뿐만 아니라 나중에 낚시를 즐기러 오는 다음 사람의 즐거움을 빼앗게 됩니다. 물고기를 놓아주지 않고 집으로 가져온다면 다음 세대는 같은 장소에서 당신이 느낀 것과 똑같은 감정을 경험하지 못하겠죠."

오이스터와 그의 많은 이웃에게 낚시는 완벽한 취미다. 사려 깊고 환경친화적인 스포츠맨 정신을 길러주는 데다, 누구나 쉽고 빠르게 접할 수 있다. 더불어 몇 년을 투자하더라도, 결코 완벽하게 익힐 수 없는 스포츠이기도 하다. 오이스터는 이렇게 말한다. "갈 때마다 새로운 것을 배우고, 그때마다 항상 새로운 도전을 하게 됩니다." 완벽에 도달할 수 없다는 분명한 사실을 깨닫고 나면, 비로소 긴장을 풀고 경치를 감상할 수 있다.

오이스터는 이렇게 말한다. "플라이낚시가 물고기를 잡는 가장 쉽고, 간단하고, 효율적이고, 저렴한 방법이라는 이유로 이 낚시를 하는 사람은 아무도 없습니다. 직업으로서, 그리고 타고난 예술가로서 저는 플라이낚시의 예술성을 높이 평가합니다. 플라이낚시는 아름다움 그 자체입니다."

왼쪽
—

눈투틀라 개울Noontootla Creek은 산악 도
시 블루리지 바로 외곽에 있다. 블루리지
는 야외 활동에 편리한 위치라는 장점 외
에도 끈끈한 예술 커뮤니티와 양조장. 레
스토랑을 갖추고 있다.

위
—

눈투틀라 개울에는 물고기를 잡은 후에
대부분 풀어줘야 하는 특별 규정이 있다.
그래서 여기 송어는 다른 지역보다 평균
적으로 더 통통하다. 이곳에서는 조용하
게 낚시를 즐길 수 있다.

위
—
송어 플라이는 곤충을 본떠 만든 인공 미
끼다. 깃털, 머리카락, 모피 등 다양한 재
료로 만든다.

오른쪽
—
송어가 낚시에 걸리면, 뜰채 같은 랜딩 네
트를 이용해 물고기에게 스트레스를 주지
않도록 안전하게 끌어올린다.

왼쪽

—

체로키 국유림이 있는 테네시와 조지아
경계에 위치한 오코이 호수는 이 지역에
서 가장 인기 있는 낚시 장소다.

위

조지아의 엄격한 규정에 따라 낚시꾼들
은 하루에 1마리, 1년에 최대 3마리까지
낚은 송어를 가져갈 수 있다.

델거강, 몽골
DELGER RIVER, MONGOLIA

연어과 물고기를 통틀어 가장 크기가 큰 타이멘은 최대 50년을 살 수 있으며 길이는 최대 1.5미터에 이른다. 타이멘 낚시에 도전할 준비가 되었다면, 몽골의 델거강이 최적의 장소다. 이 물고기는 공격적으로 미끼를 쫓아가니, 낚싯대를 단단히 잡는 게 좋다.

치마네, 볼리비아
TSIMANE, BOLIVIA

볼리비아 최고의 플라이낚시 장소는 단연 치마네다. 낚시꾼들은 이곳에서 거대한 황금색 만새기 등 월척을 잡을 수 있다. 아마존 열대우림과 안데스산맥이 합류하는 지점에 있어 멋진 경치를 감상하기에도 좋다.

가울라강, 노르웨이
GAULA RIVER, NORWAY

월척급 연어를 잡고 싶다면 노르웨이의 가울라강이 환상을 채워줄 것이다. 20파운드(약 9킬로그램)가 넘는 물고기가 많고, 운이 좋은 낚시꾼은 40파운드(약 18킬로그램)가 넘는 연어를 잡기도 한다. 낚시 시즌이 시작되는 6월이 월척을 낚기에 최적기다.

타랄레아, 오스트레일리아
TARRALEAH, AUSTRALIA

태즈메이니아의 타랄레아 지역은 수십 개의 수로가 운하로 연결되어 있다. 여기에서 큰 물고기를 잡을 수는 없지만, 인조 미끼 던지는 법을 배우기에 적합하다. 이곳에는 송어만 서식하고 있어 태즈메이니아의 다른 지역에서 낚시할 때 종종 마주치는, 인조 미끼를 잡아먹는 뱀장어는 보이지 않는다.

나세르 호수, 이집트
LAKE NASSER, EGYPT

나세르 호수는 1960년대 이집트 남부 아스완에서 나일강을 따라 시행한 대규모 댐 공사로 생겨났다. 세계에서 가장 큰 인공 호수로, 어마어마하게 큰 농어가 있다. 소문에 따르면 깊은 곳에 숨어 있는 녀석들은 90킬로그램이 넘는다고 한다.

아칸호, 일본
LAKE AKAN, JAPAN

일본에서 가장 황량한 섬 홋카이도의 동쪽에 있는 외딴 아칸호에는 홍송어와 홍연어가 많다. 이 지역에는 노천탕도 많이 있다. 노천탕은 차가운 물속에서 몇 시간 동안 자리를 지키느라 지친 낚시꾼들을 유혹한다.

900만 명이 거주하는 런던에는 300여 종의 조류가 서식하고 있다. 탐조 동호회 '플록 투게더Flock Together'의
설립자 올리 올라니페쿤Ollie Olanipekun과 나딤 페레라Nadeem Perera처럼 호기심 많은 새 관찰자라면
누구나 쌍안경 하나로 이 도시를 새로운 시선으로 바라볼 수 있다.

영국 수도에서 새 관찰하기

Birding in the British Capital

대부분의 사람은 런던과 탐조를 연관 지어 생각하지 못할 것이다. 이곳을 찾아온 손님들은 보통 펠리컨, 황조롱이, 잉꼬 떼가 아니라 비즈니스, 문화, 역사를 떠올린다. 하지만 런던은 사실 야생동물의 천국이다.

런던에는 대규모 공원 네트워크가 있다. 자그마치 도시의 18퍼센트가 공공녹지다. 템스강과 그 지류가 도시를 가로지르며 물에 사는 야생동물에게 쾌적한 서식 환경을 제공한다. 또한 이 도시에는 개인 정원이 무척 많다. 그중 300만 개 이상이 그레이터런던에 있다. 일반인은 개인 정원에 접근할 수 없지만, 런던에 서식하는 수많은 새에게는 더없는 안식처다.

2020년 6월, 두 아마추어 탐조가 올리 올라니페쿤과 나딤 페레라는 유색인종 젊은이들에게 이 도시의 참모습을 보여주기 위해 탐조 동호회 플록 투게더를 설립했다. 그 이후 동호회의 회원 수가 기하급수적으로 늘어났고, 런던 전역에서 야외 행사를 개최하기도 했다. 회원 중 상당수가 런던 시민이기는 하지만, 꼭 그렇지 않더라도 탐조 투어를 신청할 수 있다. 또한 플록 투게더에 회원으로 가입하지 않아도 얼마든지 참여할 수 있다.

플록 투게더 행사에 참여하는 사람들 대부분은 탐조에 비교적 익숙지 않다. 두 사람은 이런 사람들에게 탐조가 얼마나 좋은 취미인지 알리는 데 무척 열심이다. 이들은 이 취미가 혼자

든 여럿이 함께든 누구나 즐길 수 있다는 점을 강조한다. 물론 전문가 가이드, 약간의 지식 및 적절한 장비를 갖춘다면 조금 더 잘 관찰할 수 있다. 올라니페쿤은 런던에서 하루를 보낸다면 변덕스러운 영국 날씨에 대비해 우비와 신발을 준비하라고 조언한다. 또한 『콜린스 버드 가이드Collins Bird Guide』를 꼭 지참할 것을 제안한다. 마지막으로 괜찮은 쌍안경이 필요한데, 30파운드 정도면 충분하다고 한다.

올라니페쿤과 페레라는 탐조를 하며 계속해서 영감을 불러일으키려고 노력한다. 두 사람은 지난 15년 동안 런던에서 살았기에 런던을 잘 알고 있지만, 이 지식은 저절로 생긴 게 아니다. 다양한 탐방로를 면밀히 조사하고, 행사를 조직하기 전에 몇 시간 동안 그 길을 미리 걸어본 결과다.

올라니페쿤은 노스이스트 런던이 조류를 관찰하기에 최적이라며, 이 지역의 풍부하고 다양한 풍경에 극찬을 아끼지 않는다. 두 사람 모두 이 지역에 사는데, 이곳 해크니와 월섬스토 습지는 런던과 리 밸리를 이어준다. 리 밸리는 리아강을 따라 하트퍼드셔로 올라가는 42킬로미터 길이의 선형 공원이다.

페레라는 서더크에 있는 시드넘 힐 우드를 추천하며, 그곳에서 보았던 인상적인 새에 대해 이렇게 회상한다. "도대체 저게 뭘까?'라고 생각했어요." 가까이 다가가서야 날개폭이 약 1.2미

터에 달하는 큰 독수리라는 것을 알게 되었다고 한다. 그 모습을 본 사람들은 모두 깜짝 놀랐다. 두 사람은 이처럼 조류를 목격했을 때 모임 참가자들의 반응을 이야기하며 활짝 웃는다. 페레라는 이렇게 말한다. "제가 나름대로 노하우를 발휘해 새를 찾아내고, 그 새가 모두에게 깊은 인상을 주었다면 그날은 정말 운이 좋은 거지요."

두 사람은 여행하는 동안 세인트 제임스 공원의 펠리컨부터 리치먼드의 황조롱이까지 다양한 새들을 보았다. 중요한 것은 쌍안경으로 관찰하는 것 그 이상이 있다는 점이다. 올라니페쿤은 이렇게 말한다. "자연은 눈에 보이는 것만이 전부가 아닙니다. 우리가 자연을 어떻게 느끼느냐가 더 중요합니다." 페레라 또한 이 말에 동의하며, 자연 자체가 어떤 모습이어야 한다는 고정관념에 도전하고 싶다면서 이렇게 덧붙였다. "사람들은 우리를 보고는 어떻게 런던에서 새를 지켜보느냐며 의아해합니다."

올라니페쿤은 이렇게 말한다. "우리는 자연에 대한 사람들의 관점을 바꾸려고 노력하고 있습니다. 일부러 자동차로 2시간 달려가서 시골길, 초가집, 농부들을 봐야 할 필요는 없어요. 런던은 정말 자연과 함께하기 좋은 아름다운 도시입니다."

탐조가들은 탐조가 자신이 사는 도시는 물론이고 자기 자신을 바라보는 방식을 바꾼다고 말한다. 중요한 교육적 측면도 있다. 페레라는 어린이 탐조가들에게 생태계에 대해 가르치고, 올라니페쿤은 런던의 녹지 공간 보존 운동을 벌인다. "우리는 모두 자연과 교감할 열린 공간을 되찾는 일에 열중하고 있습니다. 하지만 누구도 자연을 소유할 권리는 없어요. 바로 그 점을 사람들에게 보여주려고 합니다."

플록 투게더와 함께한다면 주민과 방문객 모두 이전에는 경험하지 못했던 방식으로 런던을 바라보고 경험할 수 있다. 또 이 모임에는 두터운 정서적 교감이 있다. 바쁜 대도시 안에서의 안전하고 사교적인 공간이다. 올라니페쿤은 이렇게 말한다. "새에 대한 애정을 바탕으로 하지만, 자연을 치유의 원천으로 여기는 유색인종 지지 그룹이기도 하거든요."

올라니페쿤은 2020년에 벌어진 충격적인 일련의 사건들에서 플록 투게더가 어떻게 기능했는지 설명한다. "유색인종에게 그 어느 때보다 많은 지원이 필요했던 때, 우리는 서로를 도왔습니다." 페레라 또한 생각이 같다. 두 사람은 회원들의 복지를 지원하는 최선의 방법에 대해 지속해서 고민하고 있다. 그들이 생각하는 플록 투게더의 미래는 낙관적이다. 플록 투게더는 뉴욕과 토론토에 지사를 두는 등 조직을 확장하고 있다.

궁극적으로, 이들은 우리가 어디에 있든 실천할 수 있는 친절의 메시지를 전하고자 한다. 페레라는 이렇게 회상한다. "자연의 도움이 없었다면, 오늘날 우리는 존재하지도 않았을 거예요. 우리는 우리 공동체의 사람들에게 이 점을 널리 알리고 싶습니다."

플록 투게더는 이제 뉴욕과 토론토에 지
부를 두고 있으며, 이 두 도시를 찾아오
는 유색인종은 누구든 합류할 수 있다.
당신이 이 글을 읽고 있을 때쯤이면 이들
의 네트워크가 더 확장되었을 것이다.

리 밸리의 약 42킬로미터 길이의 녹지에
는 교통망이 잘 갖춰져 있다. 해크니 윅,
클랩튼 및 토트넘 헤일의 지상 정류장에
내려 조금만 걸어가면 공원이 나오고, 강
변을 따라 버스 정류장이 많이 있다.

위
—
날개 길이가 약 2.4미터에 이르는 혹고니
는 영국에서 하늘을 나는 가장 큰 새다.
영국의 백조가 모두 여왕의 소유는 아니
지만, 보호종으로 사냥이 금지되어 있다.

오른쪽
—
런던의 야생동물 애호가들은 도시의 공
공공원과 그곳의 공유지를 모두 이용할
수 있다. 사진은 개방되어 있는 월섬스
토 습지의 모습. 가난한 사람들이 공유지
에서 농사를 짓곤 하던 중세 시대까지 그
유래가 거슬러 올라간다.

헬싱키, 핀란드
HELSINKI, FINLAND

헬싱키 주변의 습지에는 탐조를 위한 탑, 오두막 및 자연보호구역이 많이 있으며, 대부분 대중교통이나 자전거로 쉽게 접근할 수 있다. 봄철에는 북극기러기와 물새 등 철새들이 북극에서 모여들고, 나이팅게일, 방울새, 꿩 떼의 울음소리가 요란하게 들린다.

델리, 인도
DELHI, INDIA

유라시아의 새들에게 인도는 겨울을 날 수 있는 따뜻한 땅이다. 멀리 시베리아에서 온 새 무리가 히말라야산맥을 넘어 델리 주변의 습지대에 도착한다. 수컷 가창오리는 여름에 시베리아의 바이칼 호수에 둥지를 트는데, 초승달 모양의 눈부신 초록색 눈이 특히 아름답다.

상하이, 중국
SHANGHAI, CHINA

상하이 해안에는 흥미로운 새들로 가득하다. 이 도시의 센추리 파크에는 특히 박새와 딱새가 유명하다. 더 많은 새를 관찰하고 싶은 사람이라면 도시에서 남쪽으로 약 80킬로미터 떨어진 난후이 곳에 가보자. 이곳은 중국에서 가장 유명한 조류 관찰 장소로, 긴꼬리딱새와 쇠유리새를 볼 수 있다.

베를린, 독일
BERLIN, GERMANY

베를린은 30퍼센트가 녹지로 되어 있어 새는 물론 탐조가들의 천국이라 할 수 있다. 참매와 종달새는 베를린에서 가장 넓은 티어가르텐 공원을 번식지로 삼고, 나이팅게일은 도시를 가로지르는 슈프레강을 따라 서식하고 있다.

부에노스아이레스, 아르헨티나
BUENOS AIRES, ARGENTINA

시내에서 남쪽으로 10분 거리에 있는 코스타네라 공원costanera sur은 부에노스아이레스의 탐조가들에게 가장 중요한 자연보호구역이다. 봄의 이른 아침 이면 벌새, 북미 딱새, 루페선트타이거헤론, 관머리스크리머를 관찰할 수 있다.

키갈리, 르완다
KIGALI, RWANDA

아프리카에서 가장 푸르른 도시로 손꼽히는 르완다의 수도 키갈리는 조류 관찰자들에게 멸종 위기에 처한 회색관두루미, 화이트칼라올리브백 등을 볼 기회를 준다. 나루타라마 호수Nyarutarama Lake는 동부 및 중앙아프리카에 사는 수많은 물새의 서식지다.

지속 가능성을 넘어서

BEYOND SUSTAINABILITY

오래전, 나는 일본 시코쿠섬의 외딴 이야 계곡을 따라 구불구불 이어진 산길을 여행하고 있었다. 목적지는 '치오리'라는 초가지붕의 농가였다. 그 농가는 삼나무와 대나무가 우거진 산비탈 높은 곳에 자리 잡고 있었는데, 주변에 휘몰아치는 안개가 마치 중국 송나라 그림 속 숭고하고 고결한 풍경을 떠오르게 했다. 험준한 산으로 둘러싸인 이 계곡은 12세기 내전에서 패배한 헤이케 가문 사무라이들의 최후의 보루였다. 일본이 17세기에 문호를 굳게 걸어 잠갔을 때, 그러니까 치오리 마을이 세워졌을 무렵 이야 계곡은 정치적으로나 지리적으로나 완전히 고립되었다. 일본 군도의 숨겨진 지역 3곳 중 하나로, 지금도 여전히 여행객이 다니는 길에서 멀찌감치 떨어져 있다.

그러나 이야 계곡에는 대부분의 현대 리조트에 없는 것이 있다. 바로 '그 장소를 개선할 기회'다. 나는 지붕을 다시 덮기 위해 억새를 베는 일에 손을 보탰다. 300년 된 낡은 집을 수리하면서 주민들의 급격한 고령화로 큰 타격을 입은 지역사회에 작게나마 이바지할 수 있었다.

1973년, 작가, 예술가, 환경보호 활동가인 알렉스 커는 수년간 방치된 이 농가를 구입했다. 커는 '피리의 집'이라는 뜻의 치오리를 수십 년 동안 복원하고 관리했으며, 안개구름에 휩싸인 이 집에서 배낭여행자부터 고위직에 이르기까지 많은 방문객을 맞이했다. 지금 이곳에서는 더는 자원봉사자를 받지 않는다. 대신 비영리 단체가 지속 가능한 관광 및 지역사회 활성화를 위해 전담을 맡아 운

영한다. 커는 이렇게 말한다. "우리는 이야 계곡을 통해 죽어가는 마을에 생명을 불어넣었습니다. 물론 대형 관광버스와 군중을 데려오는 등의 방식은 아니었죠. '제대로'만 할 수 있다면, 관광은 현지인과 그곳의 문화와 역사, 심지어 자연환경에도 도움이 됩니다. 양보다 질이라고 할 수 있지요."

커는 오지카섬처럼 관광객들에게 비교적 덜 알려진 지역으로 가서 여러 장소를 복원하기도 했다. 그는 자신의 방식을 교토의 신사를 비롯한 일본의 다른 유명 관광지에서 관광객들을 대하는 방식과 대비하여 설명한다. 일본관광청은 2030년까지 6000만 명의 여행자를 유치하고 싶어 한다. 일본의 또 다른 숨은 지역에 있는, 유네스코 세계유산으로 지정된 초가 농가 마을 시라카와고에는 당일치기 관광객을 잔뜩 태운 버스가 쉴 새 없이 드나든다. 하지만 관광객 한 명당 쓰는 돈은 많지 않다. 고작해야 기념품을 사거나 자동판매기 음료수를 빼 먹는 정도다. 커는 치오리에서 하룻밤을 보내는 손님이 시라카와고를 방문한 관광객보다 25배 이상의 돈을 지출해 지역 경제에 기여하는 것으로 추정한다.

커의 철학은 여러 지역에서 생태관광, 녹색관광, 지속 가능한 여행 등으로 불리는 여행의 최신 버전이라 할 수 있다. 그는 역사적인 이탈리아 마을을 되살리려고 했던 컨설턴트 지안카를로 달라라의 알베르고 디푸소 운동을 언급하기도 했다. 이 운동은 특정 지역을 보호하기보다는 개선하는 것을 목표로 한다. 요즈음 '재생 여행'에 대한 수요가 늘어나고 있다. 코로나19 사태, 그리고 보라카이나 바르셀로나의 관광 명소를 황폐화한 과잉 관광의 부작용 이후 여행의 지속 가능성 문제에 관한 논의가 생겨났고, 그 결과로 이 운동이 큰 주목을 받고 있다.

2020년에 설립된 '관광의 미래'에는 힐튼호텔그룹, 세계야생생물기금 및 부탄관광위원회를 비롯

"'제대로'만 할 수 있다면, 관광은 현지인과 그곳의 문화와 역사,
심지어 자연환경에도 도움이 됩니다. 양보다 질이라고 할 수 있지요."

한 6개의 비정부기구 등 약 500명의 선출 위원이 참여했다. 그들이 추구하는 목표는 여행 기업들이 공정한 소득 분배, 기후 영향 감소, 지속 가능한 관광 관행 준수와 같은 원칙에 충실히 따르도록 하는 것이다. 부탄이 좋은 예다. 부탄은 수십 년 동안 관광객 수를 제한해왔고, 대부분의 방문객에게 가이드 투어를 요구했다. 이는 오늘날 우리에게 알려진 지속 가능한 관광의 대표적인 예시가 되었고, UN 2030 개발 의제에도 영향을 미쳤다.

2019년에 설립된 한 예약 대행사, '재생 여행Regenerative Travel'은 또 다른 본보기라 할 수 있다. 이 회사는 환경과의 통합, 포용 및 평등주의를 목표로 손님뿐만 아니라 사회적·환경적 원칙을 준수하는 호텔들과 협력한다. 회사의 공동 설립자이자 브랜드 디렉터이기도 한 아만다 호는 이렇게 말한다. "재생 여행은 환경과 지역사회를 위해 더 나은 조건을 만들어나가는 여행입니다. 재생 가능한 여행으로 옮겨가려면 토지, 지역사회, 야생동물을 포함해 관련된 이해당사자들 모두에게 풍요로움을 제공하는 총체적인 접근 방식이 필요합니다."

아만다 호는 기관의 최신 리조트, 캐나다 뉴펀들랜드의 포고 아일랜드 인Fogo Island Inn을 재생 원리의 올바른 예로 지적한다. 이곳 해변의 숙박 시설에 가면 지역 자선단체 쇼어패스트가 개발한 이코노믹 뉴트리션 마크가 눈에 띈다. 이 마크는 관광 수익이 어떻게 그리고 어디에 사용되는지 보여준다. 운영 잉여금은 지역사회에 재투자되는데, 2018년에는 경제적 이익의 약 65퍼센트가 지역사회로 돌아갔다. 그는 이렇게 덧붙였다. "현재 전 세계 대부분에서 운영되는 여행 산업은 지속 가능하지 않습니다. 팬데믹은 환경뿐만 아니라 우리가 지역사회에 끼친 피해를 복구하고 보충해야 한다는 긴급한 상황을 떠올리게 했죠."

여행객들은 어떻게 해야 할까? 커는 각자의 관광 발자국에 대해 생각해보라고 말한다. "저는 항상 갈라파고스제도에 가고 싶었어요. 하지만 제가 그곳에 가는 게 갈라파고스에 유익할까요? 아마 아닐 겁니다. 제가 갈라파고스제도를 위해 할 수 있는 일은 그곳에 가지 않는 것입니다. 누가 저를 필요로 할까요? 디즈니랜드? 시부야 교차로? 제가 그곳에 가서 좋은 영향을 줄 수 있을까요? 아마 아닐 겁니다. 하지만 이야 계곡에서는요? 오지카에서는요? 우리를 진정으로 필요로 하는 곳은 바로 이런 지역입니다. 1년에 한 곳 정도는 갈 수 있을 테니, 당신을 필요로 하는 곳에 꼭 가보세요. 그것이 제가 제안하는 새로운 여행 철학입니다."

흔적 남기지 않기

LEAVE NO TRACE

1845년, 미국 작가 헨리 데이비드 소로는 매사추세츠주 콩코드를 덮고 있던 얼음이 녹기 시작하자 숲으로 들어갔다. 소로는 작은 빙하 호수 옆에 재활용 재료로 방 한 칸짜리 오두막을 지어 직접 먹을거리를 구하고 숲속 동물들과의 상호작용을 기록하고 자연 세계의 리듬을 관찰하며 시간을 보냈다. 2년 뒤, 소로는 숲속 오두막을 떠났다. 10년 뒤, 그 고독한 시절을 담은 수필 모음집 『월든』이 세상에 나왔다.

자급자족 생활과 자연의 영적 속성에 대한 소로의 확고한 믿음은 오늘날의 아웃도어 애호가들에게 지표가 되어주었다. 소로는 자신의 책에서 이렇게 말했다. "우리는 야생의 강장제가 필요하다." 그의 글은 수많은 도시인에게 자동차에 레크리에이션 장비를 싣고 정신적 치유를 찾아서 오지로 향하도록 영감을 불러일으킨다. 경제적 여유가 있는 사람들은 아주 멀리까지, 그러니까 스코틀랜드 하일랜드에서의 베어 그릴스 서바이벌 아카데미, 핀란드에서의 야생 캠핑 휴가, 히말라야 베이스캠프로 가이드 트레킹을 떠난다. 그러나 오늘날 우리가 과연 책임 있게 여행하고 있는지 어떻게 확신할 수 있을까?

18세기가 시작될 무렵, 세계 인구는 10억 명에 불과했다. 사람들은 손때 묻지 않은 광활한 자연 속에 흩어져 살았다. 소로 같은 박물학자는 별다른 생각 없이 나뭇가지를 자르고 모닥불을 피울 수

있었다. 하지만 오늘날의 자연 애호가들은 77억 명의 사람들 사이에서 짓눌려 있다. 결국 폭발적인 인구 증가와 이에 따라 줄어드는 불모지로 인한 문제에 대응해, 우리가 자연에 끼치는 영향을 최소화하려는 '흔적 남기지 않기LNT, Leave No Trace' 운동이 시작됐다.

콜로라도주립대학에서 환경윤리 및 철학을 가르치는 켄 쇼클리 교수는 이렇게 설명한다. "인간은 어쩔 수 없이 환경에 관여할 수밖에 없습니다. LNT는 이를 최소화하기 위한 지침입니다." 쇼클리 교수는 해마다 학생들을 데리고 2주 동안 야생 지역으로 여행을 떠난다. 그는 학생들에게 LNT 지침이 담긴 작은 카드를 건넨 뒤 올바른 쓰레기 처리 등 각종 모범 사례가 담긴 이 카드가 학생들의 행동에 어떤 긍정적인 영향을 미치는지 관찰했다. 쇼클리는 이렇게 말한다. "이 지침은 사람들에게 자신이 자연에 끼치는 일을 다시 한번 생각하게 하는 놀라운 효과가 있습니다. 의도적이든 아니든, 반성과 성찰을 하게 만들죠."

LNT의 철학은 자연을 그대로 보존하는 일이 얼마나 중요한지를 스스로 깨닫는 것이다. 19세기, 대체로 야생 지역에 부정적이던 초기 미국인들의 태도와 크게 다르다고 볼 수 있다. 쇼클리는 이렇게 말한다. "야생이라는 개념은 문화적으로 조건화되어 있습니다." 초기 유럽 정착민들이 새로운 국가를 건설하기 위해 야생의 땅과 그곳에 살던 원주민들을 정복하려고 했을 때, 끝없이 펼쳐진 거친 광야는 두려움을 불러일으켰다. 시대가 바뀌자 소로 및 소로와 동시대 사람들은 이곳을 심오한 영적, 미학적 중요성이 있는 낭만적인 곳으로 묘사했다. 1950년대부터는 새로 건설한 주간 도로 덕분에 외딴 지역에 쉽게 접근할 수 있게 되면서 자연은 레크리에이션 활동의 중심지가 되었다. 때맞춰, 가스스토브 및 합성 텐트 같은 혁신적인 장비가 시장에 나왔다. 우리는 갑자기 야생에 쉽게 다가갈 수 있게 되었을 뿐만 아니라 편안하고 안락하게 자연을 즐기게 되었다.

그러나 얼마 지나지 않아 사람들이 지나치게 많이 몰려들면서 야생 공간이 훼손되기 시작했다. 이윽고 존 뮤어와 알도 레오폴드 같은 환경 옹호론자들이 야생 윤리를 내놓았고, 자연에 대한 소로의 고상한 관점을 바탕으로 한 공유지 보존 캠페인이 대대적으로 일어났다. 이들의 노력은 1964년 야생지 보호법이 통과되면서 성문화되었다. 이 법은 야생 지역을 '땅과 그곳에 사는 생명 공동체가 인간에 의해 짓밟히지 않은 곳'으로 정의하고, 그곳에서 인간은 머물지 않는 손님이라고 선언했다. 1970년대, 이러한 환경 의식적인 정의를 내포한 LNT의 초기 메시지가 처음 공식적으로 시작됐고, 야생 지역에서의 매너를 알려주는 팸플릿도 배포되었다.

1999년, 비영리단체 '아웃도어 윤리를 위한 LNT 센터'에서 일련의 지침이 담긴 7가지 원칙을 공식적으로 발표했다. 원칙의 내용은 다음과 같다. 미리 충분히 준비하고 계획한다. 지정된 단단한 땅 표면에서만 걷고 캠핑한다. 배설물이나 쓰레기는 올바른 방법으로 처리한다. 원래 있던 것은 그대로 보존한다. 캠프파이어는 최소화하고, 꼭 사용해야 한다면 모닥불 대신 스토브를 쓰며 지정된 곳에서만 불을 피운다. 야생 동식물을 보호하고 존중해야 하며, 먹이를 주어서는 안 된다. 다른 사람을 배려한다. 이러한 광범위한 기본지침 안에서 더 자세한 정보를 제공하기도 한다. 예를 들어, 야영객은 캠핑 스토브로 요리할 수 있는 1인용 재료를 미리 준비하고 캠프장의 기존 파이어 링을 사용하며 주변 환경과 잘 어울리는 흙색 텐트를 사용해야 한다.

최근 몇 년 동안, 소셜미디어의 영향을 다루는 여덟 번째 원칙을 배포하라는 요구가 LNT에 쏟아졌다. 인스타그램의 등장 이후 수많은 팔로워에게 자연 사진을 공유하는 아웃도어 인플루언서가 생겨났기 때문이다. 그들이 업로드하는 사진에 위치 태그가 달리면서 숨겨진 장소들이 갑자기 군중의 관심을 끌게 되었다.

쇼클리는 이렇게 말한다. "소셜미디어 위치 태그가 야기하는 2차 파급 문제를 생각해야 합니다. 여덟 번째 원칙과 관련해 이슈가 생기는 건 당연한 일이지요. 이처럼 한 장소로 많은 사람이 몰리는 것은 일종의 침략과도 같으며, 야생의 가치, 그리고 야생을 즐기는 다른 사람들의 즐거움을 빼앗아 갑니다."

LNT는 타인에게 나쁜 영향을 미치지 않으면서 야생을 즐기는 방법을 알려주려 노력한다. 세상의 빈 곳이 계속 줄어들면서 우리의 책임도 무거워졌다. 그러나 인간의 손이 타지 않은 야생에서 자연을 경험할 때 발견할 수 있는 가치는 소로가 처음 자신이 지은 오두막으로 이사했을 때와 마찬가지로 지금도 여전히 강력하게 남아 있다.

쇼클리는 이렇게 말한다. "자연을 '존중해야 할 대상'으로 바라보는 게 중요합니다. 제도적 환경에서 복잡하게 살아가는 우리와는 다른 존재이죠. 자연은 우리에게 스스로 누구이며 무엇인지 일종의 실존적 성찰을 하라고 권하는 성스러운 존재입니다."

인내에 대하여

ON ENDURANCE

우리는 모험가를 도와주는 사람들에 대해서 잘 알지 못한다. 역사에 조금이라도 관심이 있는 사람이라면, 에베레스트산을 최초로 오른 에드먼드 힐러리, 무산소 등정에 처음으로 성공한 라인홀드 메스너를 잘 알고 있을 것이다. 하지만 그들을 도와준 이들의 이름을 아는 사람은 몇이나 될까?

셰르파들은 힐러리, 메스너와 함께 산에 갔을 뿐만 아니라 그들보다 장비와 보급품을 더 많이 짊어지고 산을 올랐다. 그 과정에서 다른 사람들을 도와야 한다는 심리적 부담도 무척 컸다. 오늘날 히말라야산맥의 셰르파는 외국 모험가들의 등반을 계속 조율하고 있으며, 험한 크레바스를 누구보다 먼저 건너며 자일을 박고 필수 보급품을 짊어지고 산을 오르락내리락한다.

셰르파라는 이름은 네팔의 산악지대에 사는 한 종족에서 유래했지만, 가이드들이 모두 셰르파족 출신은 아니다. 셰르파는 아마도 세상에서 가장 위험한 직업일 것이다. 약 1000명당 12명의 비율로 업무 중에 목숨을 잃는데, 이는 이라크 전쟁 당시 최전선에 섰던 미군의 사망률보다 4배나 높다. 미국 질병통제예방센터는 어부를 미국에서 가장 위험한 민간 직업 중 하나로 꼽는데, 셰르파가 목숨을 잃는 비율은 어부보다 10배나 높은 수치를 기록한다.

로열홀러웨이 런던대학에서 인문지리학을 가르치는 펠릭스 드라이버 교수는 이렇게 말한다. "등반에 한 사람 이상이 관계되어 있다는 것을 이해하기 위해 반드시 등반가가 되어볼 필요는 없겠죠."

"한 사람의 눈부신 시도와 성취는 수많은 사람의
땀과 노력의 결과물이라고 말하는 게 가장 정확한 표현일 거예요."

드라이버 교수는 탐험의 시각적 문화를 다룬 연구에서 19세기와 20세기경에는 가이드, 현지 조수의
존재에 대한 인정이 상대적으로 매우 드물었지만 그들을 기록한 문서는 존재한다는 사실을 발견했
다. 교수는 에베레스트산뿐만 아니라 척박한 환경이나 외국인에게 잘 알려지지 않은 곳 어디에서나
보급품을 날랐던 이들, 또 기나긴 탐험 동안 청소와 요리를 담당한 현지인과 여성들의 모습을 보여
주는 수채화 스케치와 석판화를 발견했다. "한 사람의 눈부신 시도와 성취는 수많은 사람의 땀과 노
력의 결과물이라고 말하는 게 가장 정확한 표현일 거예요."

전쟁터에서 취재하는 언론인을 도와주는 현지 조력자들은 위험천만한 상황에 뛰어들어 통역하고
회의하며 외국 기자에게 현지 정보를 신속하게 제공해주지만, 공로를 제대로 인정받지 못하는 경우
가 많다. 캐나다 미디어 리서치 컨소시엄과 브리티시컬럼비아대학 예술학부가 지원한 연구에 따르
면, 언론인의 70퍼센트 이상이 "현지 조력자가 직접적인 위험에 빠진 적이 전혀 또는 거의 없었다"
고 말했지만, 현지 조력자 중 56퍼센트는 자신들이 "항상 또는 자주 위험에 빠진다"고 대답했다. 같
은 연구에서, 저널리스트의 60퍼센트 정도가 현지 조력자에게 어느 정도 정당한 공로를 인정한다고
답했지만, 현지 조력자 중 86퍼센트는 제대로 인정받기를 원했다.

미국 히말라야재단의 부회장이자 1953년에 힐러리와 함께 에베레스트산을 등정한 고 텐징 노르
가이 셰르파의 아들, 노부 텐징 노르가이는 2013년 《아웃사이드Outside》 잡지에 이러한 아쉬움을 드
러낸 적이 있었다. "미국인 누군가가 에베레스트산을 19번 등정했다면, 그 사람은 버드와이저 광고
에 대문짝만하게 나올 겁니다. 하지만 셰르파들은 이런 인정을 받지 못합니다."

다른 사람들의 노고를 알아보지 못하는 현상은 소셜미디어에서도 빠르게 이어지고 있다. 모험가
들의 모습을 실시간으로 카메라에 담아내는 사람들은 시청자들을 모이게 해서 그를 영향력 있는 사
람으로 만들어 돈을 벌게 해준다. 카메라를 들고 있는 사람들은 이런 명성을 거의 얻지 못한다. 똑같
이 목숨을 걸고 모험하며 위험을 무릅쓰고 있는데도 말이다.

카메라맨 제임스 불이 윙슈트Wingsuit 비행가 젭 콜리스가 이탈리아의 좁은 협곡을 날아가는 모
습을 카메라에 담은 후, 이 영상은 유튜브에 게시되어 수십만 건의 조회 수를 기록했다. 이 영상은
또한 선수가 자기 스폰서 고프로와의 계약을 이행하는 데 일조했다. 하지만 불이 이 선수 바로 옆에
서 함께 날았고, 정말로 똑같이 점프하며 촬영했다는 사실을 제대로 아는 시청자는 거의 없다.

카메라맨 지미 친은 오스카상 수상작 다큐멘터리 〈프리 솔로Free Solo〉를 촬영할 때 자유 등반가
알렉스 호놀드를 카메라에 담으며 감정적으로 무척 괴로웠다고 한다. 지미 친은 극한의 위험한 등
반을 하는 호놀드가 자신의 절친한 친구라는 사실과 카메라맨으로서 가장 멋진 장면을 찍어야 한다

는 직업적 사명 사이에서 고민했다. 호놀드가 떨어져 죽는 장면이라 할지라도, 그 장면을 찍어야 했으니 말이다. 그는 HBO쇼 리얼 스포츠와의 인터뷰에서 이렇게 소회를 밝혔다. "감독 겸 프로듀서로서, 저는 호놀드가 추락할 가능성이 높은 지점에서 촬영해야 한다는 부담을 항상 짊어졌어요. 2년 반 동안 매일 이런 생각에 괴로웠지요."

비록 무척 더디지만, 최근 눈에 안 보이는 곳에서 일하는 사람들이 서서히 그늘에서 벗어나 모습을 드러내고 있다. 예를 들어, 텐징 노르가이는 뒤늦게나마 등반 능력을 인정받아 명성을 크게 얻고 있다. 2013년, 네팔 정부는 텐징 노르가이를 기리기 위해 약 2413미터 높이의 산 이름을 '텐징봉'으로 지정할 것을 제안했다. 그리고 2019년, 〈프리 솔로〉가 아카데미 시상식에 출품됐을 때 지미 친과 호놀드는 공동 수상의 영예를 안았다.

드라이버 교수는 이렇게 말한다. "지난 10년 동안, 제게 흥미로웠던 점은 세계 여러 사람이 '새로운 역사'에 큰 관심을 지니고 있다는 것입니다. 계속 되풀이되는 똑같은 옛날이야기보다는 이야기를 확장하고 다른 관점에서 바라보는 것에 관심이 있습니다."

2021년 1월 16일, 네팔인 10명으로 구성된 팀이 세계에서 두 번째로 높은 산인 파키스탄의 K2를 겨울에 등정하는 데 최초로 성공했다. 산악계에서는 실로 위대한 성취로 기록되었다. 니르말 푸르자라는 37세의 전직 군인이 이끈 원정 팀은 영하 60도의 온도와 시속 97킬로미터의 바람을 꿋꿋하게 견뎌내며 정상에 올랐다. 오후 5시경 정상에 거의 다다랐을 즈음, 이들은 다 함께 모여 어깨를 맞대고 마지막 발걸음을 옮겼다. 이들은 조력자로서가 아닌 이야기의 주인공으로서, 자신만의 방식으로 역사를 이루어냈다.

PART THREE

TRANSIT

교통수단

좋은 여행은 갖가지 경이를 선사하고, 우리를 다른 세상으로 데려다준다.
느린 여행을 받아들여보자. 새로운 방식으로 세상을 보는 법에 은밀히 빠져들 것이다.

스위스의 케이블카는 그 운행지인 외딴 고산지대만큼이나 독특한 개성이 있다.
2000개가 넘는 작은 로프 트레인 중 하나를 잡아타 하늘로 올라가면 무성한 초원, 탁 트인 전망, 맛있는 치즈 등
고원 목초지에서만 누리는 짜릿한 즐거움을 만끽할 수 있다.

스위스 케이블카 사파리

A Swiss Cable Car Safari

스위스를 여행하기 위해서는 '수직적 사고'가 필요하다. 알프스 정상에 있는 낙농장과 마을을 찾아갈 때는 도로와 철도에서 얼마나 멀리 떨어져 있느냐가 아니라 얼마나 높이 올라가느냐가 관건이다. 다행스럽게도 스위스 헌법에는 이 나라의 4개 언어권에 속한 모든 마을을 도로, 철도, 수로로 연결해야 한다는 규정이 있다. 까다로운 지형은 케이블카로 연결해야 한다.

정시 운행하는 빨간 열차, 상징적인 톱니바퀴 철도, 푸니쿨라 등 스위스의 우수한 교통 네트워크에 대해서는 많이 알려졌지만, 외딴 고산 지역을 다른 지역과 진정으로 연결해주는 것은 바로 스위스-독일어로 루프트자일반luftseilbahn이라고 부르는 소박한 케이블카다. 이 케이블카는 그동안 별 주목을 받지 못했다. 루프트자일반을 단어 그대로 번역하면 '공중 밧줄 기차'다. 프랑스어를 사용하는 지역에서는 텔레페리크téléphérique, 이탈리아어를 사용하는 지역에서는 푸니비아funivia, 일부 고산 지역에서만 사용하는 멸종 위기의 제4언어 로만슈어로는 펜디큘라pendiculara라고 부른다.

스위스 연방에서 승인한 루프트자일반 노선은 2433개다. 농부의 사유재산이지만 대부분 등산객에게 개방되어 있으며, 한 번에 4~6명 정도 탈 수 있다. 등산객은 맨 아래편 역에 놓인 전화를 사용해 맨 위의 기관사에게 리프트를 작동해달라고 부탁

하면 된다. 짜잔! 이제 여행 가이드북에서 찾아볼 수 없는 오프트랙 고산 지역이 여러분을 맞이할 것이다.

스위스-독일어를 사용하는 우리, 니트발덴, 옵발덴, 슈비츠 등 중앙 지역에는 스위스에서 루프트자일반이 가장 많이 밀집해 있다. 등산객들은 보통 7~18프랑(약 7~18달러) 정도 되는 약간의 요금을 내고 고산 목초지인 알프스까지 순식간에 올라갈 수 있다. 요금은 정상에서 후불로 내면 된다. 정상에 오르면 고대 유목 농업 경로를 따라서 나 있는 하이킹 코스를 걸을 수 있다. 이곳은 오늘날에도 고대 유목 농법을 사용한다. 야생화가 만발한 고산 초원, 수영할 수 있는 알프스 호수, 쭉쭉 늘어나는 치즈 요리를 내는 소박한 선술집에 방문해보자. 치즈, 우유, 버터, 요거트, 유청 등의 유제품도 맛볼 수 있다.

보통 하이킹 코스는 언덕 아래로 내려가는 또 다른 루프트자일반으로 연결되어 있기에 굳이 왔던 길로 다시 돌아갈 필요는 없다. 일부 케이블카 노선은 여름에만 운행하지만, 1년 내내 운행하는 노선도 있다. 대부분 구글 지도에 정보가 나와 있으므로 원하는 대로 각자 일정을 짜면 된다.

특히 니트발덴주에는 부이레벤리Buiräbähnli 사파리가 있다. 하루 12시간, 여러 날에 걸쳐 하이킹하며 루프트자일반 여러 개를 타고 오르내리다 보면, 깊고 푸른 반알프 호수를 지나 게

스트 하우스에서 소박한 하룻밤을 보낼 수 있다.

전통 게스트 하우스 '알프 오버펠트'는 지속 가능한 방식으로 치즈를 제조하는 리타와 요제프 부부가 운영하는 여름 별장이다. 이 부부는 농장에서 매일 120리터의 유기농 우유를 모아 소비자에게 직접 판매한다. 게스트 하우스 안으로 들어가면 장작불 위에 매달린 구리 주전자 속에서 갓 짜낸 산양젖과 우유가 뭉근히 끓으며 치즈가 되기를 기다리고 있다. 대다수의 농부는 치즈를 맛보고 어느 농장에서 생산한 것인지 구별할 수 있다. 놀랍게도 그 소가 어떤 야생화를 뜯어먹었는지도 알 수 있다고 한다.

다양한 종류의 하이킹 여행을 전문으로 하는 느린 여행 트레킹 서비스 알프스 바이 조Alps by Joe의 설립자이자 투어 가이드인 한스루디 조 헤르거는 이렇게 말한다. "부이레벤리는 스위스 중부지방에서 이용할 수 있는 특별한 루프트자일반 하이킹 중 하나지요."

취리히에서 기차로 1시간 거리에 있는 플륄렌의 오버락센에도 루프트자일반 노선이 있다. 루체른 호수의 끝에 위치한 역에는 파란색 나무 상자 모양의 케이블카가 있다. 11킬로미터 길이의 절벽 아래 자리 잡은 아름다운 악젠슈트라세로 올라가

면 청록색 호수와 교회 첨탑이 모습을 드러낸다. 정상에서 내려 13개 트레일 중 하나를 골라 걸을 수 있다. 그중에는 3시간짜리 에그베르게 트레일도 있는데, 녹색 목초지를 따라 수직으로 기어 올라가면 해발 약 1500미터의 이끼 긴 평평한 삼림지대가 나온다.

이 밖에도, 시틀리스알프의 빨간 케이블카가 푸른 용담 꽃과 자홍색 난꽃이 흐드러지게 핀 드넓은 계곡을 미끄러지듯 나아가다가 승객들을 내려준다. 이곳부터는 수력발전으로 가족 농장을 운영하는 양치기 협동조합을 지나 비교적 평탄한 3킬로미터의 길이 이어진다.

가이드 헤르거는 방문객들이 환한 보름밤 달빛에 물든 주변 봉우리를 감상하며 하이킹할 수 있도록 이끌어준다. 일출과 일몰 동안 눈 덮인 산봉우리가 분홍색으로 빛나는 '알펜글뤼엔'을 볼 수 있도록 시간제 하이킹도 운영한다. 하이라이트는 고산의 축복이라는 뜻을 지닌 '알프세겐'인데, 바로 농부들이 고원 목초지에서 피리로 보호의 주문을 거는 이벤트다.

헤르거는 이렇게 말한다. "이교도 시대 이후 수 세기 동안 내려온, 이 땅만의 아름다운 전통입니다. 또한 이 험준한 고산지대를 잇는 소중한 교통 연결망을 기억하게 해주지요."

왼쪽
—
루프트자일반을 타고 경치를 감상하는
방문객의 모습. 이 루프트자일반은 24시
간 운행하며, 이용하려는 승객은 토큰을
넣으면 된다.

위
—
강둑에 자리 잡은 오두막 뒤에 보이는 종
탑에는 카리용이 설치되어 있다. 카리용
은 건반으로 종을 쳐서 연주하는 악기다.

왼쪽
—

토겐부르크종 염소. 이 염소는 스위스 토
겐부르크 계곡이 원산으로, 가장 오래된
낙농 가축 품종으로 알려져 있다.

위
—

플뤼렌의 오버락센에 있는 루프트자일반
탑승장. 7분 정도 이 케이블카를 타고 올
라가면 정상에 도착한다. 정상에 내리면
대형 야외 테라스를 갖춘 레스토랑이 반
갑게 맞아준다.

위 왼쪽

—

스위스 중부의 니트발덴주는 인구 1인당
보유한 케이블카가 가장 많다. 반알프 케
이블카를 타고 가면 산 한가운데에 있는
반알프 호수를 만나게 된다.

오른쪽

—

미리암 루스텐버거와 오스왈드 오시 얼
러는 산악 호텔 알펜블릭Berggasthaus
Alpenblick을 운영한다. 오시는 루프트자일
반 정류장에서 작은 우체국도 운영한다.

왼쪽
—
루프트자일반의 가죽 시트는 무척 편안
하다. 그런데 이 시트에는 사람만 앉는 게
아니다. 농부들이 실어둔 건초 더미가 가
득한 케이블카의 모습을 자주 볼 수 있다.

위
—
우리 호수의 모습. 가파른 48도 언덕을
오르는 톱니바퀴 열차를 타고 근처 필라
투스산까지 갈 수 있다.

케이블카 사파리

루체른 ◆

▲ 슈탄저호른
약 1898미터

플륄렌 ◆

▲ 리기달슈톡
약 2593미터

▲ 하넨
약 2606미터

엥겔베르크 ◆

▲ 로트산놀렌
약 2700미터

묵을 곳

알프 오버펠트Alp Oberfeld에는 스낵 가판대, 상점, 게스트하우스가 있다. 게스트하우스에서는 아늑한 나무 침대에서 빨간색 체크무늬 이불을 덮고 근사한 하룻밤을 보낼 수 있다. 객실 안에 화장실은 있지만 샤워실은 없고, 바로 옆에 헛간이 붙어 있어서 새벽에 일어나면 목초지로 향하는 염소를 볼 수 있다. 대부분의 고산지대 숙박 시설이 그러하듯 현금만 받으므로 꼭 스위스 프랑을 챙겨가자.

먹을 곳

알프스 어디서든 품질 좋은 유제품을 구할 수 있지만, 채소를 재배하기에 적합하지 않은 산악 지형의 특성상 채소가 듬뿍 든 근사한 식사를 할 수 있는 곳은 그리 많지 않다. 카이저슈톡Kaiserstock은 셰펠리베르크Chäppeliberg 루프트자일반에서 도보로 10분 거리에 있다. 송어 조림, 사향버섯을 곁들인 송아지 고기 같은 전통 요리는 절대 실망스럽지 않을 것이다. 예약 필수.

여행 팁

고산 생태계는 인간의 활동에 민감하다. 가지고 올라간 건 모두 가지고 내려와야 한다. 가능한 한 흔적을 남기지 말자. 고산 서식지로 침출될 우려가 있는 미세 플라스틱은 반입 금지다. 또 전기 울타리를 조심하고, 소와 송아지 사이에 절대로 끼어들지 말자. 버스 운전사 및 루프트자일반 기관사를 포함한 사람들에게 반갑게 인사하는 것도 필수다. 스위스 중부에서는 '좋은 하루 보내세요!'라는 뜻의 인사말 '그루에치grüezi'를 건네보자.

이곳의 보트는 언뜻 보기에 비효율적이다. 일반 도보 속도로 아주 천천히 나아가기 때문이다.
하지만 가는 내내 녹음 우거진 주변 풍경을 즐겁게 감상할 수 있다.
영국의 그랜드 유니언 운하를 따라 웨스트 런던에서 버밍엄 중심부까지 여행해보자.

영국 운하를 따라가는 크루즈 여행

A Cruise Along England's Canals

수 세기 동안 수로는 영국의 중요한 동맥이었다. 급변하는 산업화를 거치며 도시, 공장, 항구 사이에서 무거운 물건을 운송하느라 어려움을 겪고 있을 때도 기발한 해결책이 되어주었다. 그러나 1960년대에 이르자 배에서 생활하고 일하던 사람들이 이루어놓은 풍부한 문화가 거의 사라졌다. 1830년대 철도의 등장과 함께 수로가 서서히 쇠락의 길로 접어들었기 때문이다. 수익성이 떨어지자 관리조차 제대로 되지 않았고, 지나다니는 배도 점점 줄었다. 운하에서 펼쳐지는 독특한 유목민 생활 방식은 역사 속으로 조용히 사라지는 듯 보였다.

오늘날 이 운하가 옛 영광을 되찾고 있다. 1968년에 운하를 여가용으로 활용하도록 공식적으로 인정하면서부터, 새로운 세대의 운하 애호가들이 생겨났다. 한때 석탄, 원자재, 완제품을 전국 각지로 실어 나르던 길고 가느다란 배가 수상가옥으로 바뀌었고, 그 뒤 50년 동안 꾸준히 마른 땅을 떠나 물 위에서 살기로 마음먹은 사람들이 늘어난 덕분에 운하 문화가 점차 활기를 되찾게 되었다.

런던과 버밍엄 사이를 잇는, 약 220킬로미터에 달하는 그랜드 유니언 운하에서 1년 넘게 생활하고 있는 사진작가 알렉산더 울프는 이렇게 말한다. "퍽 단순하고 소박한 생활이에요. 런던에서 아파트 구하기를 포기하고 이 좁다란 배를 사서 약간의

모험을 즐기기로 했습니다."

울프는 물 위에서의 삶이 정말 매력적이라는 사실을 발견했다. 런던 끝자락 그랜드 유니언에는 지난 5년 동안 인구가 두 배로 늘어났다. 영국 운하 네트워크의 중심 간선도로였던 이곳은 한여름이 되면 산업혁명 당시보다 더 분주하다.

이런 영국 특유의 현상은 아마도 현대적인 편의를 멀리하고 옛 산업혁명 시대의 유물을 따라 천천히 걷는 속도로 여행하고 픈 사람들의 마음 때문일 것이다. 운하는 물 위의 삶을 선호하는 사람들에게는 물론이고, 옛 관습에 매료된 사람들에게도 영국 역사를 생생하게 보여준다. 운하에서 생활하지는 않지만, 취미로 운하 구경을 하는 사람을 가리켜 '곤구즐러'라고 부른다.

약 4345킬로미터에 달하는 영국의 운하는 절반 이상이 서로 연결되어 있어, 남서부의 브리스틀에서부터 거의 모든 영국의 주요 도시를 거쳐 노스요크셔주의 리폰까지 여행할 수 있다. 하지만 보트는 6.5킬로미터 정도의 속도 제한이 있다. 울프는 운하에서의 삶을 맛보고 변화무쌍한 풍경을 제대로 감상하고 싶다면, 스톡턴과 워릭에 사무실을 두고 있는 케이트보트Kate Boats에서 보트를 구하길 추천한다. 초심자는 보트를 운전하며 교통체증에 대한 대처법도 익힐 수 있다. 만약 하루 동안 시험 삼아 보트를 몰아보고 싶다면 단기 대여를 해도 좋다. 밀턴킨

스에는 운전이 쉬운 더 작은 보트가 있고, 런던의 여러 곳에서 전기 고보트를 몇 시간 동안 빌릴 수도 있다.

운하 위에 거주하는 사람들 대부분은 주거용 계류장을 따로 가지고 있다. 하지만 울프를 비롯한 몇몇 사람은 그저 떠도는 삶을 선택한다. 이처럼 지속적으로 떠도는 순항 보트 면허를 유지하려면 적어도 1년에 32킬로미터를 여행해야 한다. 계속 움직이는 게 다소 힘들어 보일 수 있지만 이동하면서 생기는 불안은 보트의 여유로운 속도 때문에 어느 정도 누그러진다. 기차를 타면 런던에서 버밍엄까지 1시간 30분이면 갈 수 있지만, 2주 동안 운하로 이동하면 조금씩 변하는 운하의 풍경을 마음껏 감상할 수 있다.

울프는 그랜드 유니언 운하에 대해 이렇게 말한다. "가장 아름다운 운하는 아닐지 몰라도 가장 다양한 풍경을 보여주는 운하인 것만큼은 틀림없습니다." 런던에서 버밍엄 외곽의 완만하게 구불구불한 언덕과 농경지와 고풍스러운 마을, 바둑판 같은

도시에 도달하려면 하루 정도 걸린다. 운하의 산업적 기원에 어울리지 않게 무척 조용하고 고요한 여정이 될 것이다. 당시 이 경이로운 운하를 만든 위대한 공학적 성취조차도 느리고 위엄 있는 우아함을 지니고 있다. 예를 들면, 코스그로브 수로에는 보트가 언덕 위로 약 45미터를 올라갈 수 있게 하는 수문이 21개나 있는데, 이곳을 지나 그레이트 우즈강에 도달하는 데는 약 3시간이 걸린다. 블리스워스에는 약 2.8킬로미터에 이르는 터널이 있는데, 보트에 엔진이 장착되기 이전에는 이곳을 통과하려면 등을 대고 바닥에 누워 다리로 교량 옆쪽을 연신 밀어야 했다고 한다.

울프는 이렇게 말한다. "운하와 운하 공동체에는 어떤 커다란 독립심이 느껴집니다. 운하는 영국이 제게 준 것, 그러니까 영국의 유산과 저를 잇는 무척 느린 방법이었어요. 때로는 보트 생활이 힘들기도 하지만, 보트에 감정적으로 애착을 품게 되었습니다. 이제 보트는 집 그 이상이 되었죠."

왼쪽
—

보트 두 척이 그랜드 유니언 운하의 시장 마을 트링을 지나고 있다. 모터가 도입되기 전에는 말이 보트를 끌었다고 한다.

위
—

연료 회사 '줄스 쿡'의 대표 줄스 쿡. 50년이 넘는 세월을 물 위에서 보냈다. 은퇴하기 전 마지막으로 보트에서 생활하는 사람들에게 석탄을 공급하러 가고 있다.

줄스 쿡의 난로 위에 놓인 장식용 접시와
끈. 운하 보트에서 흔하게 볼 수 있는 장식
이다. 운하 보트는 아주 작은데, 그 내부는
종종 맥시멀리즘을 추구하는 듯 보인다.

그랜드 유니언 운하에서 보트 두 척이 카
시오베리 공원으로 향하고 있다.

왼쪽
—
갑문은 보트를 운하에서 위로 올리거나 아래로 내리는 데 사용한다. 보트가 문 두 개 사이의 공간으로 들어가면 수위를 바꿔서 보트를 계속 나아가게 한다.

위
—
이 막대기는 운하에 물건을 빠뜨렸을 때, 좁은 장소에 보트가 끼었을 때, 물속 장애물을 피해야 할 때, 엔진이 꺼져 보트를 강둑으로 밀어야 할 때 무척 요긴하게 쓰인다.

위
—

줄스 쿡 연료 회사의 앤드루가 보트 뒤쪽
에 달린 틸러를 사용해 보트를 조종하고
있다. 왼쪽으로 가고 싶을 때는 오른쪽으
로, 오른쪽으로 가고 싶을 때는 왼쪽으로
키의 손잡이를 움직여야 한다. 쉽게 기억
하는 방법은 다음과 같다. '부딪히고 싶지
않은 쪽을 틸러로 가리키면 된다.'

오른쪽
—

그랜드 유니언 운하의 패딩턴 암은 웨스
트 런던을 가로질러 헤이즈 근처의 주요
운하와 연결하는 약 22킬로미터 길이의
물길이다. 사진에 보이는 트렐릭 타워는
1972년에 헝가리 망명 건축가인 에르노
골드핑거가 설계한 브루탈리스트 건물
이다.

위 오른쪽

—

말고삐를 꿰는 고리인 테렛은 장식용으로 사용되는데, 이는 과거에 운하에서 말이 중요한 역할을 했다는 사실을 보여준다. 이 장식은 보통 비둘기 상자 위에 올려둔다. 비둘기 상자란 빛과 공기가 실내로 들어오도록 하는 데 사용되는 경사 지붕을 가리킨다.

오른쪽

—

울프의 보트가 왓퍼드에서 가장 큰 카시오베리 공원을 통과하고 있다. 보트 계류 규칙은 지역마다 다르지만 대부분은 2일에서 2주 동안 머물 수 있다.

영국

그랜드 유니언 운하 크루즈

북해

리즈

맨체스터

버밍엄

잉글랜드

웨일스

아일랜드해

런던

영국해협

묵을 곳

물 위에서 밤을 보내고 싶은 사람들을
위한 숙박 시설이 있다. 런던 리틀 베니스에
있는 그림처럼 아름다운 보트에서부터
칠턴 힐스 산기슭의 외딴 보트에
이르기까지 어디에나 보트 에어비앤비가
있다. 하우스 보트 숙소인 '더 보트하우스
런던The Boathouse London'에서 묵는다면
이 도시를 매우 독특하게 즐길 수 있다.
보트하우스 런던은 웨스트 런던의 플로팅
포켓 파크에 정박해 있다.

먹을 곳

그랜드 유니언 운하를 따라 펍, 카페,
그리고 드문드문 보트 카페가 늘어서 있다.
보트를 즐기는 많은 이들은 매일 아침
출발할 때 저녁에 워릭의 케이프 오브 굿 홉
Cape of Good Hope 또는 솔버리의 쓰리 락스
Three Locks에 도착해 음식을 먹을 생각에
부풀어 오른다. 이스트 런던의 해크니 윅에
위치한 밀크 플로트Milk Float에서는 칵테일과
현지에서 만든 아이스크림을 판다.
그랜드 유니언 운하를 따라 조금 더 올라가
면 런던 셸London Shell Co.이 나오는데,
이곳에서는 영국 해산물 코스 요리를
맛볼 수 있다.

여행 팁

영국에서는 도로를 달리는 자동차와 달리
운하를 다니는 보트는 우측통행이다. 다른
보트와 부딪히지 않도록 무척 조심해야
하지만, 사실 운하를 즐기는 사람들은
보트를 타고 가다 보면 어쩔 수 없이 자주
부딪힌다는 사실을 잘 알고 있다.
또한 운하 옆에 정박해 있는 보트를
지나갈 때는 속도를 늦추어 내부에 있는
사람들에게 방해가 되지 않도록 주의해야
한다. 다른 보트 탑승자들에 대한 예의를
지키고 물 낭비를 막으려면 탑승 후에는
갑문을 잊지 말고 꼭 닫아야 한다.

아랍에미리트는 우리가 생각하는 것과 전혀 다르다.
두바이와 아부다비에서 벗어나 이 사막 국가의 모래언덕을 자동차로 달리다 보면
침식하는 모래와 싸우며 초현실적인 매력으로 우리를 유혹하는 랜드마크가 나온다.

푸자이라로 가는
장거리 자동차 여행

Road Tripping to Fujairah

대부분의 여행객은 아랍에미리트에서 스카이다이빙과 사막 사파리를 즐기고 에어컨이 완비된 대형 쇼핑몰에 간다. 7개 토후국 중 두바이와 아부다비는 여러 관광객에게 특유의 매력으로 사랑받고 있지만, 다른 5개 토후국의 매력은 아무에게도 정의되지 않고 미지의 땅으로 남아 있다.

자동차를 몰고 아랍에미리트를 가로질러 내륙으로 천천히 이동하다 보면, 상상할 수 없을 정도로 빠른 속도로 발전한 도시를 마주하게 된다. 자동차를 몰고 두바이에서 동쪽으로 조금만 가다 보면 푸자이라에 도착하는데, 이곳에 가면 흑설탕 같은 모래와 하늘 높이 솟아 있는 하자르산맥을 볼 수 있다. 구글 지도는 총 1시간 30분도 안 되는 경로를 알려줄지도 모르지만, 해안에서 해안으로 이어진 이 순례길은 서둘러 갈 필요가 없다.

로드 트립을 하기 좋은 출발점은 제벨 알리 비치다. 이곳은 산업 지역과 두바이 남부의 화물선적으로 분주한 항구 사이에 있다. 한때는 인적이 뜸하고 적막한 만이었지만, 지금은 바다가 내려다보이는 작은 카라반 공원이 있다. 이곳 아랍에미리트의 풍경은 따뜻한 페르시아만에 고스란히 녹아 있다. 여기서 일하는 인명구조요원은 이렇게 말한다. "사방에서 사람들이 이곳으로 몰려들고 있답니다." 이곳에는 거대한 T자 형 시멘트 블록이 물 위로 줄지어 솟아 있다. 이것은 2008년 경제위기로 인해 이루지 못한 개발계획의 잔재로, 현재는 '갈 곳 잃은 다리'로 알려져 있다.

두바이에서 푸자이라 방향으로 E77 고속도로를 타고 가다 보면 두바이의 '뒷마당 사막'이라고 불리는 알 쿠드라를 지나게 된다. 이곳은 그나마 만만한 오프로드와 약 87킬로미터 자전거 트랙으로 유명하다. 고속도로를 따라 누런 모래언덕에 아랍에미리트의 국목인 프로소피스 시네라리아 나무가 군데군데 심겨 있다. 꼿꼿하게 서 있는 나무도 있지만 바람에 휩쓸려 기우뚱 서 있는 나무도 있다. 라밥Lahbab의 E44 도로는 무성한 소문이 얽힌 유령 마을, 알 마담으로 연결된다. 1970년대에 생긴 것으로 알려진 이 마을의 샤비 가옥(아랍에미리트의 작은 전통 가옥)은 이제 사막의 모래에 묻혀 서서히 자취를 감추고 있다.

알 마담에 가려면 4륜 구동 자동차나 오프로드 자동차를 타고 '듄 배싱'을 해야 한다. 몇몇 비공식적인 투어 가이드가 알음알음 도움을 주기도 하는데, 후세인도 그중 한 명이다. 그는 낙타 조련사로, 2018년부터 100디르함(약 27달러)을 받고 사막을 가로질러 알 마담까지 태워주는 일을 하고 있다. 그는 관광객들에게 어떤 건물을 둘러보는 게 좋은지 친절하게 알려준다. 그가 건물 하나를 손짓으로 가리키며 이렇게 말했다. "저기 파란색 벽은 정말 근사해요." 그가 알려준 건물 안에 들어가면 유

리 없는 창문으로 모래언덕이 한눈에 보이고, 누군가 써놓은 사랑 글귀들이 벽을 뒤덮고 있다.

알 마담에서 북쪽으로 불과 12분 거리에 있는 오프로드 역사 박물관은 누구에게나 즐거운 경험을 선사한다. 박물관 밖에는 거대한 지프 모형 조각상이 방문객을 맞이한다. 이곳에는 350대 이상의 자동차가 전시되어 있는데, 1987년에 출시된 람보르기니 LM002 SUV, 세계 유일의 1915 포드 모델 T도 있다. 이 박물관을 둘러보면 아랍에미리트의 생활 방식에 자동차 문화가 얼마나 깊이 스며들었는지 분명하게 이해할 수 있다.

푸자이라의 중심지에서 25분 거리에 있는 산비탈 마을, 마사피에 잠깐 들러봐도 좋다. 현지 꿀, 과일, 양탄자 및 도자기를 파는 노천 시장에서는 가게 주인들이 깃발을 흔들며 자동차를 멈춰 세우고, 경적을 울리면 부름에 응한다. 한 행상인은 오만에서 가져온 퍼플 키위를 들이밀고 그 옆에서는 다른 행상인이 과즙이 줄줄 흐르는 포멜로를 권한다. 좀 더 아래에 있는 상점에서는 창문을 내리고 가격을 흥정할 수도 있다. 가게 주인은 아랍에미리트 건국의 아버지 셰이크 자이드 빈 술탄 알 나흐얀 사진 옆, 메두사 그림의 덮개가 걸려 있는 매장 입구로 손님들을 이끈다.

E89는 마사피에서 푸자이라까지 이어지는 마지막 도로다.

시커멓고 칙칙한 잿빛 산이 풍경을 삼키고, 태양은 뜨겁게 내리쬔다. 얽히고설킨 대추야자, 왕실 가족의 그림, 과일주스를 파는 파인애플 모양의 매점을 지나 30분 정도만 달리면 거칠고 메마른 산 풍경이 인도양의 반짝이는 바다로 바뀐다.

정교한 조각품들이 자리 잡고 있는 회전교차로가 푸자이라의 랜드마크 역할을 하며 운전자를 맞이한다. 이 교차로는 해안으로 이어진 E99로 안내한다. 1950년대 영국 식민 통치 기간에 처음 건설된 푸자이라의 회전교차로는 이 지역에 서린 바다의 얼을 기린다. 물을 뿜어내는 물고기와 돌고래 조각상이 있는 회전교차로도 있다. 작은 마을인 코르 파칸의 회전교차로에는 진짜 연기를 뿜어내는 우드 향로가 있는데, 이 향로는 아랍에미리트 해안의 중간 지점에 위치한 랜드마크라 할 수 있다.

북부 푸자이라의 작은 어촌 마을 알 아카에 있는 알 아카 비치 캠핑 캐러밴 공원은 이 도로의 종착지로, 여행자들에게 휴식처를 제공한다. 해안으로 들어오는 어부들의 그물을 잘 살펴보면 근처 이집트 해산물 그릴 레스토랑 에스타코사Estacoza의 오늘 저녁 메뉴가 무엇인지 곧장 알 수 있다. 이곳에 가서 생선 요리, 자이언트 새우, 후무스, 살라타, 발라디를 먹으며 축배를 들어도 좋다.

왼쪽
—
낙타 몰이꾼이 알 마르뭄 낙타 경마장부
터 고속도로를 따라 낙타 무리를 이끌고
있다. 고속도로에는 낙타가 안전하게 건
너가도록 지하통로가 마련되어 있다.

위
—
샤르자 동쪽 해안에 있는 코르파칸 마을
의 중앙 광장 분수. 위쪽으로 1507년 포
르투갈의 침략에 맞서 싸운 사람들을 기
리는 저항 기념비가 보인다.

위 왼쪽
—

푸자이라로 가는 길옆에는 잠깐 들러 간
식을 먹을 만한 곳이 많다. 마레하 마을
에서는 현지 재배 농산물을 차 트렁크에
싣고 다니며 판매하는 농부들을 만날 수
도 있다.

위 오른쪽, 오른쪽
—

푸자이라의 회전교차로에는 기발한 조각
품들이 많이 있는데, 주로 국가의 자부심
을 드러낸다. 코르니쉬 로드의 회전교차로
에는 물고기 조각품이 있고, 다른 회전교
차로에는 커피포트와 컵 조각품이 있다.

왼쪽
—
야자수가 심어진 초승달 모양의 해안을 따라 코르 파칸 해변이 이어져 있다. 해안에는 바람이 시원하게 불어서, 이곳은 사막의 더위를 피하고 싶은 사람들에게 인기 있는 당일 여행지이다.

위
—
중단된 도시계획 프로젝트, 팜 제벨 알리의 잔해. 현지에서는 '갈 곳 잃은 다리'로 알려진 짓다 만 다리의 모습.

두바이에서 푸자이라로 가는 로드 트립

이라크   이란

페르시아만

두바이 ◆······◆ 푸자이라

◆ 무스카트

오만

묵을 곳

푸자이라에서 1시간 거리에 있는 하타에 위치한 다마니 로지스 리조트Damani Lodges Resort는 캔틸레버식 컨테이너 캐빈 안에 독립형 숙박 시설이 갖춰져 있다. 야외에서 할 수 있는 온갖 스포츠를 리조트에서 즐길 수 있다. 아니면 오두막의 발코니에서 바비큐 파티를 열고 산을 감상하는 것만으로도 만족스러운 하루를 보낼 수 있을 것이다. 근처 하타 돔 파크에 있는 측지 돔에서 글램핑을 즐길 수도 있다.

먹을 곳

푸자이라의 해안가에는 레스토랑이 많다. 회전교차로의 조각상은 어디로 가면 최고의 레스토랑을 만날 수 있는지 유용한 표시 역할을 한다. 커피포트 회전교차로 바로 옆에 있는 사다프Sadaf에서는 정통 이란 음식을 내놓는다. 향로 모양의 회전교차로에서 조금 떨어진 아스마크 알 바하르Asmak Al Bahar에서는 생선 요리를 꼭 먹어보자. 두바이의 21 그램스21 Grams는 여행을 마치기 전에 반드시 가봐야 할 완벽한 브런치 레스토랑이다.

여행 팁

아랍에미리트의 도로는 일반적으로 관리가 잘되어 있어 운전하기에 정말 편리하다. 표지판도 잘 갖추어져 있으며 휘발유 가격도 저렴하다. 렌터카 비용은 하루 약 220디르함(약 60달러) 정도다. 국제운전면허증이 필요한지 여부는 출신 국가에 따라 다르다. 몇몇 국가는 면제된다. 요금소를 지날 때는 하이패스와 같은 '살리크 카드'를 준비해야 한다.

베르겐선 횡단 열차는 자연을 사랑하는 노르웨이인들에게 꼭 필요한 교통수단이다.
이 기차에 탑승한 운 좋은 여행객이라면 노르웨이의 장엄한 풍경을 그대로 받아들이는
느리지만 근사한 방법을 배우게 될 것이다.

오슬로에서
베르겐으로 가는 기차

The Train from Oslo to Bergen

동트기 전 오슬로의 새파란 하늘의 풍경이 창밖을 스친다. 기차가 도시를 구불구불 빠져나와 전신주를 지나 테라스하우스 뒤쪽을 스치듯 지난다. 머리 위로 전선이 휙휙 지나가면, 승객들은 식탁에 앉아 있거나 양치질하거나 진한 블랙커피를 내리는 노르웨이인들의 아침 일상을 은밀하게 들여다본다. 가로등이 불을 밝힌 도심의 친숙한 광경은 곧 교외 주택에서 눈을 치우는 이들, 입김을 내뿜으며 자전거를 타고 가는 사람들의 풍경으로 바뀐다. 이윽고 도시의 모습은 사라지며 그 자리를 우뚝 솟은 봉우리가 차지한다. 호수는 거울처럼 투명하게 비치고, 설탕을 뿌린 듯 흰빛을 띠는 가문비나무가 강둑을 둘러싸고 있다. 떠오르는 태양이 수평선을 따라 농후한 노란빛을 퍼뜨리며 기차에 온기를 전해주고 풍경에 생명을 불어넣는다.

노르웨이에는 세계에서 가장 유명한 기차, '베르겐선'으로 알려진 오슬로-베르겐 철도가 있다. 1875년에서 1909년 사이에 건설된 이 철도는 노르웨이 남동부에 위치한 수도에서 시작해 약 496킬로미터로 이어져 있다. 6시간 30분을 달리면 서해안에 이른다. 비행기로는 1시간이면 갈 수 있지만, 비행기 여행을 선택하는 사람은 불필요한 탄소 발자국을 남기고 노르웨이 자연의 풍광을 볼 기회도 놓치게 된다. 1년 내내 운행되는 기차는 여름은 물론이고 겨울에도 호기심 많은 승객을 끌어들인다.

보라색 루핀이 빽빽하게 핀 햇살 가득한 초원을 보고 싶은지, 아니면 얼음으로 덮인 피오르와 거친 눈보라를 보고 싶은지는 개인 취향에 달렸다. 한 가지 덧붙이자면 자연의 기후에 굴복하고 만 겨울 풍경을 본 승객들은 경이로움과 무력감을 동시에 경험하게 될 것이다. 이 기차 여행은 또한 노르웨이 공학의 집요함과 독창성에 대해 통찰력을 느끼게 해준다. 이 노선에는 터널이 180개나 있는데, 모두 마치 기차를 통째로 삼키려는 듯 도화지처럼 새하얀 눈 속에서 불쑥불쑥 나타난다.

이 철길은 연어 낚시로 인기 있는 드라멘셀바강을 따라 올라가며, 튀리피오르덴호를 따라 굽이굽이 지나 아기자기한 회네포스 마을로 향한다. 이곳에서부터 건물이 줄어들고 마을과 마을 사이에는 사람의 손길이 닿지 않은 풍경이 길게 뻗어 있다. 창밖을 자세히 보다 보면, 저 멀리 붉은색의 노르웨이 전통 산 오두막이 눈에 들어온다. 오두막은 한겨울이면 눈 속에 잠겨 거의 보이지 않는다. 굴뚝에서 피어나는 연기로 그곳이 오두막이라는 걸 가까스로 알아차릴 수 있다.

이 기차는 철도 애호가들의 꿈이기도 하지만 하이킹이나 낚시를 하거나 혹은 스키를 타기 위해 오지로 향하는 노르웨이인들에게는 일상적인 교통수단이다. 수하물 보관함에는 야일로, 보스까지 가는 사람들이 들고 온 장비가 잔뜩 쌓여 있다. 그렇

기 때문에 여행객은 반드시 기차를 예약해야 한다. 낮에는 네 번 출발하고, 야간열차도 하나 있다. 최대 90일 전에 예약하면 편도 249크로네(약 29달러)만큼 싸게 구입할 수 있다. 그러나 다리를 뻗을 수 있는 공간이 좀 더 넓고 콘센트와 무료 핫 초콜릿을 제공하는 플러스 좌석에 앉아 가려면 100크로네(약 12달러) 정도를 추가로 지불해야 하는데, 그만한 가치가 있다.

핀세의 산간 마을 역에서 짐을 챙겨 플랫폼에 내리면 매서운 바람이 뺨을 때리고 곧장 귀가 시려온다. 이 노선에서 가장 고지대에 위치한 이 역에 가면 매섭게 몰아치는 눈보라 때문에 어디가 땅이고 어디가 하늘인지 분간조차 힘들다. 사람들이 입은 스노 재킷만 이따금 눈에 뜨일 정도다. 하지만 이곳 현지인들은 눈보라와 영하의 기온에도 아랑곳하지 않고 크로스컨트리 스키를 타고 기차 옆을 지나간다.

구름이 산 아래로 흘러가 험준한 산허리를 가리는 동안에는

노르웨이 국민 작가이자 북유럽 스릴러의 제왕으로 불리는 요 네스뵈의 소설을 펼치고 1시간 정도 시간을 보낼 수도 있겠다. 그러나 책에 너무 빠져들지는 말자. 얼마 지나지 않아 지형은 수면 위로 뻗어나가는 한 조각 땅으로 변하고 기차는 마치 표면을 미끄러지듯 움직일 테니. 기차는 유럽에서 가장 큰 고원지대 하르당에르비다를 가로지르고, 창밖으로 곧 야생 순록이 모습을 드러낸다.

이윽고 언덕을 따라 여기저기 경사가 급한 지붕이 모습을 드러낸다. 그러나 속지 말 것. 아직은 베르겐이 아니다. 베르겐은 풍부한 유산, 박물관, 미슐랭 스타 레스토랑이 위치한 호숫가 도시의 중심지에 있다. 기차에서 내리면 마치 크로스컨트리 마라톤을 완주한 듯한 기분이 들 수도 있다. 어쩌면 가장 이상적인 방법으로 완주한 것일지도 모른다.

왼쪽
———

이 노선에서 가장 높은 곳에 위치한 핀세
역에 정차한 베르겐선 기차. 이곳에서 잠
깐 내려 저 멀리 눈 덮인 산을 감상해보자.

위
———

베르겐역에서는 오슬로행 열차가 매일
네 번 출발한다. 순전히 실용적인 목적으
로 여행을 떠나는 사람이라면 야간열차
를 이용해도 좋다.

왼쪽
—
도선 중간중간에는 내려서 야외 활동을
즐길 만한 역이 많다. 겨울이 되면 많은
사람이 핀세역에서 내려 꽁꽁 언 핀세밧
네트 호수에서 크로스컨트리 스키를 즐
긴다.

위
—
기차는 야일로역과 보스역 사이에 북부
유럽에서 가장 넓은 산악 고원인 하르당
에르비다와 할링스카르베트 국립공원을
지나간다.

위 왼쪽

—

베르겐선 기차는 무엇보다도 지역 주민
들에게 편리한 대중교통 수단이다. 반려
동물을 기차에 데리고 타도 되지만, 크기
에 따라 표를 구입해야 할 수도 있다.

오른쪽

—

길을 따라 임대 가능한 산장과 별장이
많이 있다. 전통적으로 노르웨이 시골 사
람들은 건물을 빨간색으로 칠했는데, 이
페인트 색이 가장 저렴하기 때문이라고
한다.

노르웨이

크로스컨트리 기차 여행

노르웨이해

스웨덴

노르웨이

▲ 하르당에르비다(노르웨이 남부의 넓은 고원)
약 1237미터

베르겐 ◆

◆ 오슬로

스카게라크

묵을 곳

19세기 중반에 지은 오래된 증권 거래소 안에 자리 잡은 베르겐 보쉬 호텔Bergen Børs Hotel은 베르겐을 탐험하기에 가장 이상적인 출발점이다. 우아한 인테리어, 바닥 난방 및 항구가 내려다보이는 스위트룸을 갖춘 이 호텔은 기차에서 막 내린 승객을 따뜻하게 맞아준다. 미슐랭 스타를 받은 레스토랑 내부는 거울로 멋지게 장식되어 있고, 킹크랩, 랑구스틴 등 현지에서 조달받은 식재료로 요리한 음식을 내놓는다.

먹을 곳

스케일 매트바Skaal Matbar는 오슬로에서 가장 트렌디한 푸드 바로 떠오르고 있다. 예약 없이 운영되는 이곳에는 언제나 소금에 절인 대구를 넣은 슈 페이스트리, 아말피 레몬을 얹은 갓 채취한 굴 등 한입 크기의 요리를 먹으려는 손님들이 줄을 서 있다. 베르겐에서는 레스토랑 1877에 가보자. 봄에는 아스파라거스, 토마토, 무로 만든 요리를, 가을에는 오리, 양고기, 비트, 베리로 만든 요리를 맛볼 수 있다.

여행 팁

노르웨이의 모든 장거리 교통수단은 좌석 예약이 필수이며 탑승 90일 전부터 예매할 수 있다. 기차 안에서 시원한 맥주나 와인 한 잔을 들며 휴식을 취하고 싶을 수도 있겠지만, 음식을 직접 가져오는 것은 금지되어 있다. 알코올음료는 제공되지만 식당 칸에서만 마셔야 한다.

미국 워싱턴주 해안에서 조금 떨어진 곳에 있는 오르카스섬은 차분하게 카리스마를 내뿜는다.
적절하게 속도를 조절하지 않으면 알아차리지 못하고 그냥 지나칠 수도 있다. 페리를 타고 이 섬에 내려보자.
차분하고 호기심 가득한 마음으로, 느릿느릿한 시간을 받아들일 수 있을 것이다.

페리를 타고 떠나는
오르카스섬 여행

The Ferry to Orcas Island

태평양 북서쪽 한쪽 귀퉁이에 자리 잡은 오르카스섬으로의 여행은 마치 지구 끝으로 가는 것처럼 느껴질 수도 있다. 보트, 비행기, 기차, 자동차 중 적어도 두 가지 교통수단을 타고 가야 한다. 출발지가 어디냐에 따라 다르겠지만, 하루에 이 모든 것을 타고 가야 할 수도 있다.

이곳에 처음 간다면 페리가 적절하지 않은 방법일 수도 있지만, 가장 기억에 남는 이동 수단인 것만큼은 틀림없다. 워싱턴주 아나코테스에서 출발하면 90분 정도 걸린다. 이 해안 마을은 미국 시애틀과 캐나다 밴쿠버 중간에 자리 잡고 있다. 자동차를 실은 페리는 1만 년 전에 거대한 빙하가 깎아 만든 복잡한 해협과 수로 네트워크, 살리시해를 통과하며 서쪽으로 항해해 오르카스섬이 있는 산후안제도로 이동한다. 최고의 전망을 보고 싶다면 뱃머리 쪽으로 가기를 추천한다. 바람을 맞으며 바다, 바위, 우뚝 솟은 나무를 보면 절로 감탄이 터진다. 태양을 향해 얼굴을 돌리면, 바람에 머리카락이 날림과 동시에 모든 상념이 다 사라져버릴 것이다.

살리시해라는 명칭은 태곳적부터 오늘날까지 해안에서 낚시해온 루미족과 바닷사람들을 포함해 이 지역에 터를 잡았던 최초의 원주민 코스트 살리시 부족을 기려 지었다. 살리시해는 멸종 위기에 처한 범고래의 서식지이며, 아니라 세계에서 가장 큰 문어인 북태평양 자이언트 문어 및 3000종의 해양 무척추동물의 서식지이기도 하다.

페리를 타고 가다 보면 범고래는 물론, 이곳 바다에 서식하는 육지 포유류들을 만날 수 있다. 섬 사이를 헤엄쳐 건너는 사슴 가족도 볼 수 있는데, 몇 년 전에는 흑곰 한 마리가 오르카스섬으로 헤엄쳐와 몇 주 동안 머물기도 했다. 그 흑곰은 이 섬의 유일한 포식자였다. 2017년에는 '프리다'라는 돼지에 대한 노래가 퍼지기도 했다. 이 돼지의 이야기는 무척 흥미롭다. 농장 트럭에서 탈출하다 배 밖으로 풍덩 빠졌는데, 몇 시간 뒤 오르카스섬의 시골길에서 찾아냈다고 한다.

산후안제도는 400개가 넘는 섬으로 이루어졌다. 그중 20개 섬에만 사람이 살고, 일부는 거주자가 2명 미만이며 4개의 섬에만 페리가 운행한다. 페리를 타면 섬 생활의 일면을 엿볼 수 있는데, 현지인들의 모습에 호기심이 일지도 모른다. 쇼아일랜드Shaw Island에 있는 이 나라의 마지막 베네딕트회 수도원의 수녀, 레이티 헌팅 클럽Ladies Hunting Club, 플로팅 우쿨렐레 잼Floating Ukulele Jam(매달 4개의 섬에서 온 음악가들이 배에서 여는 모임)이 있기에 그렇다.

오르카스섬에 발을 디디면 원시적인 자연의 아름다움에 흠뻑 빠진다. 이곳 루미족의 언어에는 자연을 가리키는 단어가 없는데, 풍경을 즐기다 보면 그럴 만도 하다고 쉽게 수긍하게 된다. 이곳 사람들은 자신을 자연과 분리된 존재로 보지 않기 때문이다. 이런 방식으로 자신을 바라보는 법을 배워보자. 컨스티튜션산 정상은 산후안제도에서 가장 높은 곳으로, 군도는 물론이고 베이커산, 밴쿠버섬을 한눈에 내려다볼 수 있다. 또는 캐스케이드 폭포까지 한가로이 하이킹하고, 마운틴 레이크 한가운데에 있는 작은 섬으로 패들보드를 타고 들어가거나, 삼나무 아래에서 낮잠을 즐기거나, 캐스케이드 호수에서 카약을 빌려 타고 숨겨진 징검다리를 찾아보자.

여름에는 야생 블랙베리가 지천이다. 가을에는 숲에 들어가 살구와 신귀한 송이를 따거나 소수의 무인 농장 가판대를 찾아가 케일, 비트, 모란을 구입해보자. 점심으로 이스트사운드 마을에 있는 카페 '로지스'나 '보이저'에서 샌드위치를 사서 피크닉을 즐기고, 사라스 가든 근처에 있는 개조한 농가 주택 그늘에 누워보자. 그러고 나서, 인챈티드 포리스트 로드에 있는 무인 가게에서 쇼핑을 해보자. 이곳에서 마음에 드는 빈티지 실을 고른 뒤 품명을 적고 물건값으로 적당하다고 생각하는 만큼 돈을 남기면 된다. 또는 올가의 작은 마을에 있는 벅 베이 조개 양식장의 피크닉 테이블에 앉아 사람들이 게를 잡고 조개껍데기를 바다에 던지는 모습을 지켜보자.

하룻밤을 묵는다면 '바너클Barnacle'에서 일몰을 즐기자. 한때 보트 창고였던 이곳은 이제 원래 있던 호두나무 창문을 재활용한 창문과 통나무 원목 탁자로 장식한 선술집이 되었다. 바너클이 있는 푸른 앨리는 원래 1870년에 이탈리아 매화를 심었던 과수원이었다. 오늘날, 이곳의 소유주는 원래부터 있던 나무에서 과일을 수확해 음료용 시럽을 만든다.

비행기를 타고 집으로 돌아가야 한다면, 미리 페리 표를 예약해두고 비행 스케줄 하루 전날에 본토로 돌아갈 계획을 세우는 게 현명하다. 이곳에서는 지연과 취소는 흔한 일이다. 물론 이 섬에 더 머물 이유는 언제나 충분하니, 일정이 틀어졌다고 해서 속상해할 필요는 없다.

일본계 미국인 사라 패리쉬는 이곳의 100년 된 카페 '아웃룩 인'의 주인이며 오르카스섬에 삼대째 살고 있다. 패리쉬는 이 섬에 도착해 머무르는 첫 경험에 대해 '평생 단 한 번의 만남'이라는 뜻의 일기일회一期一會를 언급했다. 그는 말했다. "모든 순간은 다시 반복할 수 없어요. 그러므로 만남은 모두 소중하게 여겨야 하며 온전하고 조화롭게 임해야 합니다."

페리가 뱃고동을 힘차게 울리며 본토로 우리를 데려다준다. 이제 감각이 완전히 깨어나, 잠시 속도를 늦추고 오르카스섬에서 느낀 고요한 삶의 아름다움을 음미하라고 일깨워줄 것이다.

왼쪽
—

오르카스섬으로 가는 페리에서 종종 범
고래를 만날 수 있다. 오르카스섬 이름은
스페인 탐험가들이 멕시코 총독을 기리
기 위해 붙인 것이다.

위
—

산후안제도 이곳저곳으로 승객을 실어
나르는 페리는 살리시해 연안을 따라 살
았던 원주민 공동체 캐슬라메트, 사미시,
스쿼미시의 이름을 따서 지었다.

위 왼쪽
—

페리에서는 실내 좌석은 물론 야외 갑판
을 모두 이용할 수 있다. 90분 동안 식당
카페테리아에서 워싱턴의 현지 맥주와
와인을 즐겨봐도 좋다.

오른쪽
—

터틀백산 보호구역의 북쪽 트레일 기점
에서 약 9.2킬로미터의 힘든 왕복 여행
을 하면, 터틀헤드 정상에 오를 수 있다.
이곳에 서면 브리티시컬럼비아까지 뻗어
있는 수많은 섬의 장엄한 전망을 감상할
수 있다.

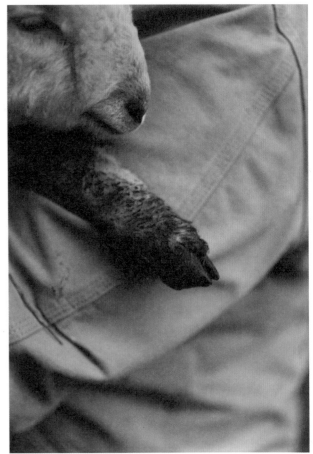

위
—

유서 깊은 코펠트 농장 보호구역에 위치
한 '럼 농장'에서는 지속 가능한 방목을
실천한다. 농장 가판대에서 고기, 치즈,
계란, 제철 과일, 야채, 양가죽과 양모 제
품을 구입할 수 있다.

오른쪽
—

섬 주변의 농장에는 무인 시스템으로 운
영하는 노점이 많다. 손님이 직접 필요한
물건을 가져가고 돈을 남겨둔다.

미국

페리를 타고 떠나는 오르카스섬

묵을 곳

모더니스트라면 디자인이 심플한 워터스에지 스위트Water's Edge Suites에 끌릴 것이다. 이곳에서는 발코니 아래에서 부드럽게 부서지는 파도 소리를 들으며 잠들 수 있다. 만과 숲이 만나는 곳에 자리 잡은 도이베이 리조트Doe Bay Resort에서는 유르트를 대여할 수 있다. 소박한 분위기와 요리를 좋아한다면 비치해븐 리조트Beach Haven Resort의 통나무집에서 시간을 보내는 것을 추천한다.

먹을 곳

미식가를 위한 완벽한 일정은 다음과 같다. 이스트사운드의 로즈베이커리 카페Roses Bakery Cafe 또는 올가의 캣킨 카페Catkin Cafe에서 브런치를, 벅 베이Buck Bay 조개 양식장에서 생굴과 와인으로 점심 식사를 즐겨보자. 저녁은 별빛 아래의 엘더-호그스톤Ælder-Hogstone에서 수상 경력에 빛나는 젊은 셰프가 내놓은 요리를 즐겨보자. 이곳 셰프의 요리는 현지 환경에 깊이 뿌리를 두고 있다.

여행 팁

페리 예약이 불가능하더라도 걱정하지 말 것. 예매는 단계적으로 열린다. 시즌 시작 2개월 전, 그리고 다시 2주 전과 항해일 2일 전에 예매가 가능하다. 오르카스섬을 하늘에서 내려다보고 싶다면 시애틀에서 수상 비행기를 타고 로사리오 리조트Rosario Resort의 정박지에 내리면 된다. 공유 서비스는 없지만, 섬에서 자동차를 렌트하거나 현지 택시를 이용할 수 있다.

작은 내륙 국가 아르메니아는 항상 도로망에 의존해왔다.
수도 예레반에서 자동차를 타고 떠나면 마치 야외 박물관을 둘러보는 것 같다.
끝없이 넓은 전원에 오랜 역사를 자랑하는 수도원과 소비에트 시절의 조각상이 펼쳐져 있다.

아르메니아 역사 속으로 떠나는 자동차 여행

Armenia's Drive-Through History

아르메니아 디아스포라 인구는 약 1100만 명이다. 즉, 1100만 명 정도가 아르메니아를 떠나 타국 땅에 살고 있다. 이 때문에 아르메니아는 그 크기에 비해 훨씬 더 큰 나라처럼 느껴진다. 300만 명도 안 되는 사람들이 남부 코카서스에 있는 이 산악지대 내륙 국가에 살고 있는데, 땅 크기는 대략 벨기에와 비슷하다. 영토가 작고, 아르메니아 교통의 동맥이 도로이기 때문에 아르메니아를 제대로 느끼기 위해서는 도로 여행이 가장 좋다. 이 도시를 둘러보기 전에 다리를 풀어두지 않으면 몹시 후회스러울 것이다.

수도 예레반은 기원전 782년에 건설되었으며, 사람이 거주하는 도시 중에서 세계에서 가장 오래되었다. 한때 건물에 사용한 석재의 색 때문에 '핑크 시티'라는 별명이 붙었는데, 지금은 많이 달라졌다. 아르메니아는 1991년까지 소비에트연방의 일부였으며, 넓은 거리를 따라 늘어선 오페라 극장 등 거대한 콘크리트 건물들은 모두 소비에트 역사의 유산이다.

베르니사주는 공화국 광장 근처에 있는 대형 야외 벼룩시장으로, 공예품과 카펫을 사기에 좋은 곳이다. 근처에 숨어 있는 미르조얀 도서관Mirzoyan Library에는 카페와 사진 아카이브가 있다. 코카서스에서 가장 큰 이 도서관은 나무 발코니가 아름다운 역사적 건물에 들어서 있다. 식당을 찾는다면, 레스토랑 셰렙과 시라니Tsirani가 탁월하다. 시라니는 속을 채운 포도 잎, 밤색 수프, 아르메니아 구운 양고기를 뜻하는 호로바츠 등의 아르메니아 전통 음식으로 유명하다. 하늘이 청명한 날이면 이 도시 어디서든 이 국가의 상징인 눈 덮인 아라라트산을 볼 수 있다. 비록 현재는 아르메니아의 땅이 아니긴 하지만 말이다. 최고의 전망을 원한다면, 일출이나 일몰에 맞춰 폭포처럼 구불구불 이어진 572개 계단을 따라 꼭대기로 올라가보자.

아르메니아는 그 자체가 야외 박물관이다. 수도를 벗어나 험준한 오지로 운전하다 보면 고대의 복잡한 역사를 제대로 탐험할 수 있다. 딜리잔 국립공원의 탁 트인 언덕과 숲 한가운데에 자리 잡은 딜리잔 마을은 소비에트 시대에 보헤미안들의 평화로운 휴양지였다. 오늘날에는 아르메니아의 전원적인 매력과 전통 건축양식을 엿볼 수 있다. 그곳에 가는 가장 쉬운 방법은 예레반에서 자동차를 렌트하는 것이다. 1시간 30분 정도면 갈 수 있지만 중간에 멈추어 극적인 풍경을 들여다보며 느긋하게 가도 괜찮다.

예레반의 북동쪽을 거치다 보면, 주택은 곧 분홍빛이 도는 언덕과 뒤섞이기 시작하고 농장에서 기르는 동물들이 길동무가 되어준다. 소비에트연방 국가에서 여전히 매우 인기 있는 러시아 자동차 브랜드 '라다'가 후드에 과일과 주스를 잔뜩 싣고 지나가는 모습을 자꾸 마주치거나 길가에서 손을 흔드는 사람들이 보이기 시작하면 게가르쿠니크에 도착했다는 뜻이다. 이제 곧 세반 호수의 북쪽 끝에 다다르게 된다. 사람들이 손을 흔드는 건 자동차를 멈추고 자신들이 파는 생선을 보라는 신호다. 노점 생선은 정말 신선하고 맛있지만 크기는 그리 크지 않다. 튀긴 생선을 아르메니아 전통 납작 빵에 넣은 음식도 맛볼 수 있다.

곧이어 아르메니아의 보석이라 불리는 파란 세반 호수가 지평선 위로 끝도 없이 펼쳐진다. 이 광대한 호수의 가장자리 언덕에는 중세 수도원들이 자리 잡고 있다. 그중 하나가 세바나 반크 수도원이다. 이곳은 북서쪽 해안의 반도에 두 개의 작은 교회로 구성된 수도원 단지로, 호수의 숨 막히는 전경을 한눈에 감상할 수 있다. 다시 길을 따라 딜리잔 방향으로 달리면, 타부시주에 들어서게 된다. 도로는 점점 더 울퉁불퉁해지고, 날씨는 더 따뜻해지며 풍경은 점점 푸른빛을 띤다. 생선 장수들이 모습을 감추고 이제 구운 옥수수 가판대가 나타난다.

딜리잔은 녹음이 우거진 산자락에 자리 잡은 마을이다. 이곳 주변 지역은 종종 '아르메니아의 스위스'라고 불린다. 이 도시에서는 고전적인 아르메니아 건축양식, 즉 목제 발코니, 가파른 지붕이 예러반보다 더 많이 보인다. 하지만 버스 정류장처럼 소련의 영향이 남아 있는 곳도 많다. 19세기 건축물을 재건

한 복합 단지인 투펜키안 호텔은 전통적인 인테리어를 잘 보여주며, 점심이나 저녁 식사를 즐기기에 안성맞춤이다. 또한 딜리잔은 미네랄워터로도 유명하다. 많은 현지인이 온천에서 휴식을 취하기 위해 이곳을 자주 찾는다.

인근 지역에서는 할 거리가 무척 많다. 하이킹을 즐기고 싶다면, 트랜스코키서스 트레일, 딜리잔 국립공원 및 피르츠 호수를 일정에 꼭 추가해야 한다. 해안에 자리 잡은 레스토랑에 가봐도 좋다. 장작 화덕 요리로 유명한 식당이 있다. 또, 근처에 있는 하그하친 수도원도 가볼 만하다. 녹색 오아시스에 자리 잡은 이 수도원은 구름에 닿을 듯 드높은 위용을 자랑한다. 며칠 머물며 탐험하고 싶다면, 현지 게스트 하우스에 체크인하는 것이 가장 좋다. 소박한 매력이 느껴지는 딜리잔의 툰 아르메니 게스트 하우스에서는 좋은 음식을 내놓는다.

예레반에서 딜리잔까지 장거리 자동차 여행을 하며 아르메니아를 사진 속에 담아보자. 아름다운 전경, 전통 건축과 소비에트 건축, 도시와 시골의 생활 방식이 뒤섞인 풍경은 오늘날의 아르메니아 문화를 잘 드러내 보여준다. 지역 주민들은 여행객을 친절하게 대해주기로 소문이 자자하다. 만약 불행한 상황에 빠져 길을 잃었다면, 곧 친절한 얼굴이 나타나리라 믿고 마음 편히 기다리면 된다.

왼쪽
—

많은 학자가 아르메니아가 최초의 기독교 국가라고 믿고 있다. 이곳에서는 중세 시대 수도원의 풍경을 볼 수 있다. 사진은 세바나반크 수도원의 성 사도 교회. 이곳에서는 세반 호수가 한눈에 내려다보인다.

위
—

한 여성이 세바나반크 수도원 밖에서 묵주와 십자가를 팔고 있다. 아르메니아인의 약 97퍼센트는 동방정교회의 종파인 아르메니아 사도 교회에 나간다.

위
—

자동차를 타고 달리다 보면 소비에트 시절의 흔적이 자주 보인다. 딜리잔에 있는 소비에트 아르메니아 50주년 기념비(왼쪽)와 세반 호수의 작가 리조트(오른쪽). 이 리조트는 1930년대 초에 아르메니아 소비에트 사회주의 공화국연방 작가연합이 지었다.

오른쪽
—

딜리잔에는 고전 조각상으로 가득한 야외 원형극장이 있다. 시내에 위치한 이 원형극장은 사실 이곳에서 가장 최근에 지은 건물이다.

아르메니아

중심 지역을 통과하는 자동차 여행

딜리잔 ◆

▲ 아라가츠산
약 4090미터

세반 호수

예레반 ◆

코스로프 산림보호구역

▲ 아라라트산
약 5137미터

묵을 곳

예레반에서 깨끗하고 저렴한 방을 찾는 데
큰 어려움을 겪지는 않겠지만, 그래도
분위기가 종종 무미건조하게 느껴질 수도
있다. 하지만 중앙에 위치한 빌라 델렌다
Villa Delenda는 멋진 인테리어를 자랑한다.
규모는 작지만 서재 등 공용 공간의 모습이
퍽 매력적이다. 딜리잔에 있는
툰 아르메니Toon Armeni 게스트 하우스는
공용 발코니와 목가적인 정원이 있는,
매우 친절한 곳이다. 당일치기 여행이라면
이곳에서 점심을 먹어도 좋다.

먹을 곳

예레반의 셰렙Sherep과 라바쉬Lavash는
다채롭고 현대적인 아르메니아 요리를
선보이는데, 웨이터가 음식에 대해 친절하게
설명도 해준다. 딜리잔의 크추흐 레스토랑
Kchuch Restaurant도 크게 다르지 않지만,
시골답게 소박함이 있다. 이곳에 가면
정원에 자리를 잡도록 하자. 길가에 차를
세우고 말린 과일과 빵을 골라 먹어보자.
모험을 해보고 싶다면 탄산음료 병에 든
수제 와인을 구입해보자.

여행 팁

아르메니아의 큰 도로는 일반적으로
잘 관리되어 있지만, 큰길을 조금만
벗어나면 도로가 울퉁불퉁하니 지상고가
높은 차를 선택하자. 예레반에는 여러
렌터카 업체가 있지만 미국을 포함한 특정
국가의 운전자는 국제운전면허증이 있어야
한다. 다른 사람들과 함께 여행하고 싶다면,
예레반 북부 버스 정류장에서 마슈로카를
타보자.

그리스의 도데카네스제도는 항해하기에 그리 널리 알려진 섬이 아닐지도 모른다.
하지만 자유롭게 산책하고 골목 식당에서 식사를 하며 한적한 곳에서 고요한 하룻밤을 지내고 나면,
도데카네스제도의 매력에 흠뻑 빠져 지명도가 더는 중요한 문제가 아님을 깨닫게 될 것이다.

그리스 섬 주변 항해

Sailing Around the Greek Isles

누구나 그리스 섬의 아름다움에 대해 적어도 한 번은 들어봤을 것이다. 로도스섬은 오래된 도시와 중세 성벽으로 유명하다. 코스에는 유명한 고고학 유적지가 있다. 파트모스는 요한 사도가 신약성경의 일부를 기록한 '에게해의 예루살렘'으로 유명하다. 그러나 그리스의 남동쪽 구석, 험준한 섬 12개로 이루어진 도데카네스제도에는 이보다 더 많은 것이 있다.

고대 그리스 세계의 일부이자 베네치아, 오스만제국, 이탈리아의 통치를 연속적으로 받은 도데카네스제도에는 이 지역의 풍부한 역사를 증언하는 인상적인 비잔틴 건축물과 전통 정착촌이 흩어져 있다. 또한 4개의 작은 섬과 보트를 타고 들어갈 수 있는 무인도가 여기저기 흩어져 있다.

'세일링 컬렉티브Sailing Collective'의 설립자 다얀 암스트롱 선장은 이렇게 설명한다. "모든 섬에는 각자 고유한 매력이 있습니다. 잘 알려진 길에서 벗어나 새로운 곳으로 항해하며 휴가를 보내보세요."

암스트롱 선장은 어렸을 때 7미터 슬루프를 타고 메인만에서 항해하는 법을 익혔다. 2011년에는 맞춤형 휴가 사업을 시작해, 도데카네스제도를 포함해 세계에서 가장 아름다운 섬 곳곳에서 전세 서비스를 제공하고 있다. 암스트롱은 이렇게 말한다. "우리는 우리 마음대로 일정을 짭니다. 우리가 원할 때 일정을 변경하고요. 아름다운 외딴 해변을 보거나 마음에 드는 곳이 나오면 그냥 거기에 머뭅니다. 그리스인들이 말했듯이 '시가 시가siga siga('천천히'라는 뜻)', 주변과 하나가 되는 느린 여행을 추구합니다."

암스트롱 선장의 도데카네스제도 여행 코스에는 해면으로 유명한 칼림노스섬, 바가 딱 하나밖에 없고 무인도에 가까운 니소스섬도 포함되어 있다. 암스트롱은 또 이렇게 말한다. "코스처럼 큰 섬에서는 그저 그런 현지 문화를 경험하게 될 테지만, 이런 섬에서는 현지 생활의 진정한 모습을 느낄 수 있습니다. 들염소 떼를 만나거나, 2000년 된 고대 유적을 발견하거나, 해변 선술집에서 맥주를 마시며 현지인들과 함께 식사를 할 수도 있지요."

암스트롱의 여행 코스는 그날그날 바람의 세기와 고객의 취향에 따라 달라진다. 그의 여행 코스 중에는 칼림노스섬으로 이동해 깎아지른 절벽으로 둘러싸인 만에서 하룻밤 머무는 것도 있다. 암스트롱은 이렇게 말한다. "물이 아주 맑은 외딴 만으로 항해한다고 상상해보세요. 보트 선체 아래에서 헤엄치는 물고기가 다 보인답니다."

음식 또한 도데카네스제도 여행에서 중요한 부분이다. 암스트롱은 이렇게 말한다. "음식은 문화와 이어지는 가장 빠른 방

법입니다. 이곳에는 재능 있는 셰프들이 많이 있습니다. 셰프들은 현지 농산물로 새로운 요리를 만들려고 노력해요. 우리는 이들이 만든 음식으로 그곳의 문화에 더 가까이 다가갈 수 있게 되지요. 어떤 섬에 가면 영어를 하시는 한 할머니를 만날 수 있는데, 우리는 그 할머니에게 뒤뜰에서 키운 식재료로 저녁 식사를 해달라고 주문하기도 해요. 지역사회에 환원하는 좋은 방법이기도 하지요."

다른 기항지로는 립시섬도 있는데, 사모스섬의 남쪽에 위치한 바위섬이다. 사모스섬에는 아름다운 요정 칼립소가 세계에서 가장 위대한 뱃사람인 오디세우스를 그 섬에 포로로 가두었다는 전설이 있다. 암스트롱은 이렇게 말한다. "도데카네스제도 항해 투어에서 역사 가이드는 무척 중요합니다. 섬마다 가장 높은 지점에는 비잔틴 시대의 성과 군사 요새가 있어요. 이곳은 문명의 교차로입니다. 일부 도시는 고지대에 있고 일부는 해안선에 자리 잡고 있어요. 따라서 건축 스타일이 혼합되어 있지요. 항해할 때 종종 튀르키예 해안선도 볼 수 있답니다."

하이라이트 중 하나는 레로스섬으로, 이곳에는 다이내믹한 풍경을 자랑하는 라키가 있다. 라키는 이탈리아가 도데카네스를 점령했던 기간 동안 무솔리니의 건축가 로돌포 페트라코와 아르만도 베르나비티가 합리주의적 도시 모델로 설계했던 마을이다. 암스트롱은 이렇게 말한다. "우리가 정박하는 곳에는 '판텔리스'라는 아름다운 숨겨진 만이 있어, 북쪽에서 불어오는 해풍을 막아주지요."

항해는 그리스를 새로운 관점에서 발견할 수 있는 멋진 방법이다. 암스트롱은 이렇게 말한다. "많은 사람이 여행하며 세상을 다른 방식으로 보고 싶어 합니다. 사람들은 우리 배에 올라탈 때 자유로움과 소속감을 동시에 느끼죠. 외딴 만으로 항해하거나 희귀한 야생동물을 발견했을 때 여행객들이 흥분하며 감탄하는 모습을 보는 것이야말로 이 일을 하는 보람이자 기쁨입니다. 다음 장소로 이동할 때 그곳에서 무엇을 보게 될지 전혀 알 수 없다는 건 정말 대단한 스릴입니다."

"아름다운 외딴 해변을 보거나 마음에 드는 곳이 나오면 그냥 거기에 머뭅니다."

왼쪽
—
파트모스섬(밧모섬)에 있는 그림 같은 스
칼라 마을에는 작은 항구와 근사한 식당
이 있다. 이 섬에는 공항이 없어 관광객
이 많지 않다.

위
—
세일링 컬렉티브는 7월과 10월 사이에 도
데카네스제도 주변을 여행하며 단체 여행
객에게 개인 선실을 제공하고 개인 요트를
임대 및 대여해주기도 한다.

위 왼쪽
—

레로스섬에 있는 작은 마을 아기아 마리
나와 판텔리에는 항구가 있다. 대부분의
선술집에서는 테이블을 바닷가에 내놓는
다. 자리에 앉으면 나무 낚싯배가 근처에
서 까딱까딱 흔들리고 파도가 발 옆으로
밀려든다.

위 오른쪽
—

도데카네스제도 어디를 가든 갓 구운 생
선이 많다. 아기아 마리나에서 가족이 운
영하는 레스토랑 타베르나 말로스는 제
도 전체에서 최고의 해산물 레스토랑으
로 알려져 있다.

그리스

도데카네스제도 항해하기

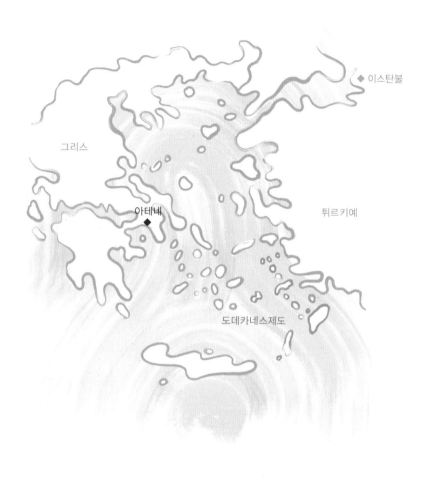

그리스

이스탄불

아테네

튀르키예

도데카네스제도

묵을 곳

작은 섬의 숙박 시설은 소박하지만 편안하다. 레로스섬의 빌라 클라라Villa Clara 는 신고전주의 양식의 맨션에 있는 쾌적한 게스트 하우스로, 바다에서 단 몇 걸음 거리에 있다. 립시섬에 있는 미라 마레Mira Mare에는 취사가 가능한 방이 있다. 이 숙소는 아름다운 리엔터우 해변에서 도보 거리에 있어, 섬을 돌아다니기에 완벽한 위치다.

먹을 곳

그리스인들은 자신들의 요리에 자부심이 대단하다. 레로스섬에 있는 타베르나 말로스Taverna Mylos는 현대적인 현지 요리와 바닷가의 멋진 풍차 덕분에 도데카네스제도 최고의 레스토랑으로 손꼽힌다. 립시섬에 가게 되면 카사디아 해변의 딜라일라Dilaila에서 신선한 참치 요리를 주문해보자.

여행 팁

"부탁해요"를 뜻하는 '파라칼로parakalo' 또는 "고마워요"를 뜻하는 '엑스카리스토 excharisto' 같은 몇 가지 단어를 익혀두고 바로 써먹어보자. 로도스섬이나 코스섬 같은 큰 섬에서는 파티가 많이 열리지만, 대부분의 작은 섬은 매우 한가한 분위기다. 외진 곳일수록 항구가 잘 정비되어 있지 않기 때문에 미리 신청해야만 갈 수 있다.

아이슬란드는 거의 캠핑을 위해 존재하는 나라라고 해도 과언이 아니다.
땅이 너무 넓어 돈이 많이 들겠지만, 자동차를 렌트하고 침낭을 챙겨 빙하로 뒤덮인 미지의 세계로 떠나보자.
단, 여름에만 가야 한다는 걸 명심하자. 북유럽의 길고 환한 밤을 위해 안대는 꼭 준비하자.

아이슬란드로 떠나는
캠핑 여행

Car Camping in Iceland

아이슬란드의 케플라비크 공항에 착륙하면, 다른 행성에 온 듯한 착각에 빠질지도 모른다. 이 공항에서 레이캬비크로 가는 도로가 레이캬네스 지질공원의 용암지대를 통과하기 때문이다. 이 나라의 험준한 시골 지역을 탐험하려는 사람에게 큰 도움이 되는 도로 표지이자 상징은 바로 증기다. 그 유명한 블루라군에 도착했다는 걸 알려주는 증기가 보이면, 렌터카를 그린다비크 방향으로 돌리면 된다.

자연 속에서 절대적인 자유를 만끽해보자. 자동차 트렁크에 텐트와 침낭을 싣고, 자신만의 속도로 여행하며 예상치 못한 것을 발견하고, 침낭에 누워 아이슬란드 풍경에 흠뻑 빠져보자. 여름은 캠핑의 계절이다. 밤이지만 대낮처럼 환해서 쉽게 잠들지 못할 수 있지만, 자연의 부드러운 소리에 귀 기울이다 보면 어느새 슬슬 잠에 빠져들 것이다. 성인 1인당 1500~2000크로나(약 12~16달러) 정도 하는 숙박 시설보다 훨씬 저렴하며, 일반적으로 사전 예약이 필요하지 않다. 하지만 아무 곳에서나 캠핑하는 건 불법이므로 정해진 캠핑장을 찾아가야 한다.

그린다비크의 슈퍼마켓에서 스퀴르(응고시킨 우유), 납작한 빵, 건어물, 훈제 양고기, 양고기 육포 등의 간식을 구입해 427번 도로에 올라타자. 모두 아이슬란드 캠핑의 필수품이다. 이 도로를 따라가다 보면 아이슬란드에서 가장 인기 있는 새로운 명

소, 2021년 겔딩가달리르 화산 폭발 현장을 지나게 된다. 이윽고 서퍼들이 즐겨 찾는 소를락스회픈 마을에 이를 것이다. 하프나르네스에서는 탁 트인 바다를 바라보며 바위 해안에 부딪치는 파도의 위력을 느낄 수 있다. 셀포스에서 1번 순환도로를 타면 된다. 이 도로는 남부 해안을 따라 폭포, 검은 모래 해변, 빙하 석호 같은 아이슬란드 최고의 명소를 지나 섬 전체를 한바퀴 도는데, 이 도로를 약 2시간 30분 정도 달리다 보면 물이 천둥처럼 요란하게 떨어지는 스코가포스 폭포와 그 기슭에 자리 잡은 캠프장에 도착한다.

요란하게 떨어지는 폭포수 소리, 새들의 지저귐, 윙윙거리는 풀벌레, 신선한 풀 냄새, 구운 핫도그와 양고기 볶음 냄새가 시원한 밤의 공기 중에 둥둥 떠돈다. 때때로 공용 바비큐도 있지만, 대부분의 상점에서 파는 일회용 그릴을 사서 아이슬란드의 전통 핫도그 필쇠르 등을 맛볼 수 있다. 아이슬란드 사람들은 대개 모직 로파페이사 스웨터를 입고 맥주를 마시고 노래를 부르고 게임을 하며 캠핑을 즐긴다.

아침이 밝아오면, 연녹색 초목과 시커먼 모래 평야가 풍경을 지배하기 시작한다. 세차게 흘러가는 강을 가로지르는 일방통행 교각을 건너며 남쪽 해안 순환도로를 따라 계속 달리자. 이 도로를 따라 달리다 보면 디르홀레이의 유명한 아치형 암석과

레이니스드란가르 촛대바위를 지나게 된다. 2시간 반 정도 더 운전해서 가면 바트나이외쿠틀 국립공원에 있는 스카프타펠 캠프장에 닿게 된다. 이곳은 기둥 모양의 현무암으로 둘러싸인 스바르티 폭포로 가는 길을 비롯해 수많은 하이킹 코스로 이어지는 훌륭한 관문이다. 아이슬란드에서 하이킹을 할 때는 어디에서든 희귀식물을 보호하고 야생동물을 방해하지 않도록 표시된 경로만 따라가야 한다. 캠프파이어는 절대 금지다.

스카프타펠을 떠날 준비가 되었다면, 순환도로의 다음 구간을 따라가자. 곧 바트나이외쿠틀 만년설 능선이 나오고, 이윽고 이외퀼사우를론 빙하 석호를 지나 회픈 마을로 향하게 된다. 이곳은 현지에서 '바닷가재의 수도'로 알려져 있을 정도로 바닷가재를 맛보기 좋은 장소다. 계속 운전하면 좁은 피오르, 으스스한 산맥, 야생 순록을 볼 수 있다. 이렇게 5시간을 달려 에이일스타디르에서 95번 도로를 타고, 이윽고 931번 도로로 갈아탄 뒤 할롬스타다스코귀르에서 야영하면 된다. 이곳은 라가르플리오트 호수 옆에 있는, 아이슬란드에서 가장 큰 숲이다. 다음 날에는 라가르플리오트 호숫가를 따라 드라이브하며, 뚜렷하게 층을 이룬 절벽으로 쏟아지는 헨기 폭포에 들러봐도 좋다.

섬 북쪽을 향해 자동차로 3시간을 달리면 후사비크에 도착한다. 이곳은 고래 관측으로 유명한 도시이며, 세계적 수준의 지열 해수 온천 지오씨Geosea로 유명하다. 이곳에서 1시간을 더 달리면 아이슬란드 북부에서 가장 큰 마을인 아퀴레이리에 도착한다. 캠프장 한 곳은 마을 안에, 다른 한 곳은 외곽에 있는데 두 곳 중 한 곳에서 밤을 보내며 문화를 즐기거나, 순환도로나 북극 해안 도로를 타고 라우가르 이 셀링스달Laugar í Sælingsdal까지 가서 캠핑의 마지막 밤을 보낼 수도 있다. 스티키스홀뮈르 노천 온천에서 휴식을 취하며 고대 아이슬란드 무용담의 주인공이 된 자신의 모습을 상상해보자. 텐트로 기어들어가 휴식을 취하기 전에, 심호흡하고 여름 태양의 따스한 빛이 비치는 평화로운 시골의 고요함을 만끽해보자. 아이슬란드에서 캠핑하면 자연과 하나가 된다. 아이슬란드를 떠날 즈음이면, 마치 자신이 아이슬란드의 일부가 된 것처럼 느껴질 것이다.

여기에서 레이캬비크로 곧장 달려가면 2시간 반 정도 걸린다. 여유 시간이 있다면 비행기를 타기 전에 365번 도로를 타고 싱벨리어 국립공원의 캠프장에 가보자. 이곳은 930년에 아이슬란드 의회가 설립된 곳으로, 지각판이 서로 분리되어 있다.

왼쪽
—

사진작가 로빈 팔크가 유럽에서 가장 큰
바트나이외쿠틀 빙하에서 하이킹하고 있
다. 아이슬란드 국토의 8퍼센트를 덮고
있는 이 빙하에는 활화산과 아이슬란드
최고봉이 있다.

위
—

겨울이 되면 아이슬란드 보르가르네스
지역의 캠핑장에서 오로라를 직접 눈으
로 감상할 수 있다. 인근의 후사펠 호텔
은 북극광이 나타나면 손님들을 깨워주
는 자동 알림 시스템을 갖추고 있다.

위
—
아무리 하이킹 실력이 뛰어나더라도, 바
트나이외쿠틀 빙하를 보러 갈 때는 경험
많은 노련한 가이드와 함께하는 게 좋다.

오른쪽
—
아이슬란드 서부 레이크홀트에서 멀지
않은 흐라운 폭포는 흐비타강 강물이 용
암층 위로 흐르면서 생겨났다.

순환도로를 따라 떠나는 캠핑 여행

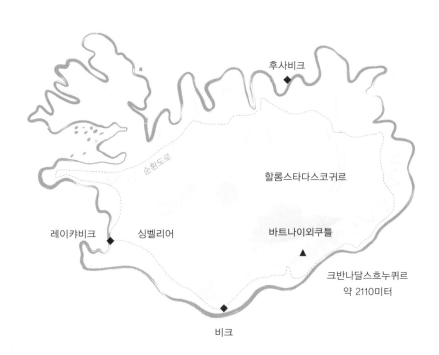

노르웨이해

후사비크

순환도로

할롬스타다스코귀르

레이캬비크   싱벨리어   바트나이외쿠틀

크반나달스흐누퀴르
약 2110미터

비크

묵을 곳

그런대로 괜찮은 침대가 갖춰진 캠핑을
즐기고 싶다면, 아이슬란드 남부에 있는
버블 호텔Bubble Hotel을 추천한다.
이곳 객실에서는 속이 훤히 들여다보이는
투명한 돔 안에서 잠을 잘 수 있다.
좀 더 넓은 공간을 원한다면, 오리지널
노스Original North에서 글램핑을 즐겨보자.
이곳은 평화로운 북부 시골의 빙하 강
유역에 위치한 글램핑장으로, 가족이
운영한다.

먹을 곳

회픈에 있는 오토 레스토랑Otto Veitingahús
& Verslun은 집에서 구워 만든, 건강에
좋은 음식을 내놓는 가족 운영 레스토랑이
다. 아쿠레이리에 가면 예술 골목에 있는
빨간색 집 모양의 레스토랑, 럽 23Rub 23에
가보자. 양념 생선과 고기를 전문으로 하는
해산물 레스토랑이다. 초밥도 유명하다.

여행 팁

여름은 아이슬란드에서 캠핑하기에 가장
좋은 계절이지만 일부 캠프장은 겨울에도
문을 연다. 계절과 관계없이 담요와 따뜻한
옷을 꼭 챙기자. 지정된 캠프장 밖에서
캠핑하거나 캠프파이어를 하는 것은 법으로
금지되어 있다. 머문 흔적을 남기지 않는 게
기본 규칙이다. safetravel.is에서
아이슬란드에서의 운전과 캠핑에 대한
필수 정보를 찾을 수 있다.

달 표면과 비슷하게 생긴 란사로테의 루나랜드스케이프에는 세계에서 가장 독특한 포도밭이 있다.
패키지 휴가에서 벗어나고 싶은 도보 여행객이라면 하루 동안 '칼데레타의 길'에서
와인의 역사 속으로 여행을 떠나봐도 좋다.

란사로테의 와인 트레일 걷기

Walking Lanzarote's Wine Trail

우가 마을 행 60번 버스를 타면 시간이 거슬러 올라가는 것처럼 느껴진다. 작은 마을은 19세기 북아프리카의 따가운 햇볕이 내리쬐는 스페인 전초기지 같은 모습이다. 곧 낙타가 무화과를 갉아 먹는 광경을 볼 수 있다. 각설탕처럼 생긴 이곳의 집은 더위에 강하며, 회반죽을 발라 흰빛을 띤다. 이 지역에는 비가 5월과 9월 사이에 단 하루만 내린다.

우가는 란사로테의 카나리제도에 있으며, 대서양을 약 130킬로미터 사이에 두고 북아프리카에서 떨어져 있다. 쿠웨이트 및 이란과 같은 위도에 있는 이 사막 마을은 지구상에서 가장 불가사의한 와인 산지, 라 헤이라로 가는 관문이다.

라 헤이라의 포도밭과 포도주 저장 창고를 탐험하는 가장 좋은 방법은 '칼데레타의 길'이라고 불리는 잿빛 트랙을 따라 하이킹하는 것이다. 란사로테는 1730년부터 6년에 걸쳐 화산 폭발이 있었다. 그로 인해 이 섬에는 움푹 파인 구덩이, 즉 칼데라가 100개나 생겨났다. 당시 이 지역 사제였던 돈 안드레스 로렌조 쿠르벨로는 일기에 이렇게 썼다. "용암이 폭포처럼 흘러내렸다. 바다와 해안은 죽은 물고기로 넘쳐났다."

진홍색 마그마가 푸른 초원을 검은 사막으로 바꾸면서 이곳은 지옥처럼 변해버렸다. 더는 비가 내리지 않았고 돈 안드레스 사제의 신도 대부분은 쿠바로 도피했다. 라 헤이라에 남아

있던 사람들은 기도에 매달렸다. 그러던 어느 날 섬 주민 몇몇이 화산재를 파다가 땅 아래에 묻힌 비옥한 지층을 발견하고 포도나무를 심기 시작했다. 오늘날, 에메랄드빛 덩굴은 칼데레타의 길 인근 황량한 화산인 몬타냐 티나소리아 아래, 루나랜드스케이프를 물들인다. 화산재의 흡수를 위해 구덩이를 깊이 파고 현무암으로 담을 두른 반원형 밭에는 수 세기 동안 그래 왔듯 포도나무와 야자수, 구아바, 무화과 등이 자란다.

란사로테에 가면 지구상 그 어디서도 찾아볼 수 없는 포도 품종을 맛볼 수 있다. 1860년대에 유럽 본토에서는 필록세라 진딧물 때문에 포도나무의 90퍼센트가 황폐해지면서 포도 재배에 대격변이 일어났다. 이에 따라 스페인 본토에서 포도의 한 품종인 '비기리에가'가 사라졌다. 하지만 이 품종은 란사로테에서는 살아남았다. 오늘날 이곳에서는 비기에라가 품종을 '디에고'라고 부른다. 라 헤이라의 시커먼 화산재 속의 포도나무는 독창적인 유기농법으로 재배된다. 와인에는 화산성 미네랄이 포함되어 있다. 이곳에서는 포도 품종을 잘 선택해 재배해야 한다. 이런 화산성 기후에서는 리슬링 품종은 금방 시들어버린다. 이곳 와이너리에서는 예로부터 리스탄 네그로를 심었다. 이 품종은 선교사들이 멕시코와 페루의 뜨거운 식민지 나라로 운반했던 포도다.

라 헤이라의 약 52제곱킬로미터를 가로지르는 하이킹 코스에 혹시라도 물병이나 모자를 챙기지 않고 떠난다면 현기증이 날 수도 있다. 점심시간이 되면 풍경이 마치 초콜릿처럼 녹아내린다. 카나리제도에서 가장 오래된 엘 그리포El Grifo 같은 와이너리에서는 발로 밟아 으깨 만든 와인을 마실 수 있는 시음회로 여행객을 유혹한다.

이 지역에서 포도 재배의 기적을 이룰 수 있었던 숨은 비밀을 알려면 보데가스 루비콘Bodegas Rubicón 와이너리에 가보면 된다. 칼데라 옆을 따라 완만한 산책로를 걸어가다 보면 이 와이너리가 나온다. 1700년대 후반에 이곳 사람들은 3미터 깊이의 작은 분화구를 파서 피콘, 즉 화산재에 포도를 심는 가장 이상적인 방법을 발견했다. 구덩이는 빗물을 모으는 데 큰 도움이 되었고, 아침 이슬이 포도나무 쪽으로 흘러내리게 했다. 주민들은 또한 북아프리카에서 불어오는 건조한 바람으로부터 식물을 보호하기 위해 용암 암석을 쌓아 올리고, 사하라 사막에서 낙타를 수입해 수확에 활용했다. 포도가 무성하게 자라면 모두 힘을 합쳐 수확했다. 낙타를 제외하고 오늘날에도 거의 동일하게 이 방법을 사용하고 있다.

보데가스 루비콘 와이너리에서부터 동쪽으로 포도밭이 쭉 이어진다. 라 헤이라 와인 루트는 대부분 란사로테에서 시작해 7개의 카나리제도 전체를 지그재그로 가로지르는 약 650킬로미터 하이킹 코스인 GR131을 따라간다. 길을 가다 보면 와인색 이정표가 경로를 알려준다. 손으로 그린 다른 표지판들을 죽 따라가다 보면 보데가스 베가 데 유코Bodegas Vega de Yuco 같은, 색다른 와이너리에서 시음을 경험할 수 있다. 이곳은 200년 된 포도나무를 돌보기 위해 철저하게 유기농 원칙을 사용한다.

이 섬에서는 포도가 상당히 빨리 익는다. 7월에 라 헤이라 하이킹 코스에 있는, '까마귀의 칼데라'라는 뜻을 지닌 휴화산 분화구 칼데라 데 로스 쿠에르보스에서 아래를 내려다보면 포도를 수확하는 사람들과 농업용 트럭으로 활기를 띠고 있는 포도밭 풍경이 한눈에 보인다. 참고로 보르도에서는 9월에 포도를 수확한다. 서늘한 알자스 와인 지역에서는 11월에야 포도를 수확할 수 있다.

칼데라 데 로스 쿠에르보스에서는 트렌디한 와인 바를 찾기보다 마그마를 지나는 5킬로미터에 이르는 길에 새겨진 혁명과 재생의 원초적인 이야기에 귀를 기울여보자. 돈 안드레스는 1731년에 이렇게 기록했다. "거대한 산이 솟아올랐다가 같은 날 분화구 속으로 다시 가라앉았다."

트레일 끝자락에는 산 바르톨로메가 반갑게 맞아준다. 이곳은 카나리제도의 무더위를 느끼며 백도제를 바른 건물을 감상할 수 있는 매력적인 도시다. 이곳에서 20번 버스를 타고 란사로테의 해안 수도 아레시페로 다시 이동하면 된다. 이곳에서는 도시의 조용한 매력을 느껴봐도 좋다.

왼쪽
—
보데가스 베가 데 유코 와이너리에서는 이따금 투어와 시음회를 진행한다. 비교적 신생 기업이지만, 이곳에서 자라는 일부 포도나무는 수령이 200년이 넘는다.

위
—
라 헤이라 중심부에 있는 자그마한 로마 가톨릭교회 에르미타 데 라 카리다드. 페 퍼트리가 교회 앞에 서 있다. 이 나무는 원래 페루에서 왔지만, 지금은 카나리제 도에서 더 많이 자란다.

위
—

란사로테에서는 현지에서 나는 백악을
사용해 집을 흰색으로 칠한다. 집은 단순
한 정육면체 구조로, 검은 화산 토양의
배경과 대조를 이룬다.

오른쪽
—

라 헤이라를 가로지르는 주요 도로인
LZ30에는 그 옆을 따라 포도덩굴이 자란
다. 직선으로 쭉 뻗은 긴 도로는 자전거
타기를 즐기는 이들에게 인기가 높다.

라 헤이라의 포도밭 하이킹

묵을 곳

부에나비스타 란사로테Buenavista Lanzarote
는 포도주 저장 창고 한가운데 위치한
세련된 목장 스타일의 호텔이다. 회색
돌담을 따라 나무가 없는 길을 걷다 보면
선명한 흰색 침대 시트가 깔린 스위트룸을
발견하게 된다. 이 건조한 지역에서
푸릇푸릇한 호텔 정원은 이질적이다.
선인장, 양치류, 포도나무 사이에서 식사를
즐겨보자.

먹을 곳

엘 추파데로El Chupadero는 라 헤이라의
축소판이다. 멀리서 보면 검은 황무지 위에
하얀 주사위를 얹은 것처럼 보이는
이 정육면체 모양의 레스토랑에서는 뜨거운
하늘과 완벽한 조화를 이루는 가스파초와
가르반소스 요리를 선보인다. 말바시아
볼카니카 와인은 유리잔으로 나온다.

여행 팁

란사로테의 거친 서부 지역을 하이킹하고
있다는 사실을 언제나 잊지 말 것.
선크림은 물론이고 생수를 살 곳도 마땅치
않으니 미리 챙기자. 와인에 대해서만큼은
걱정하지 않아도 된다. 엘 그리포와 같은
최고의 와인 저장 창고에서는 와인을
전 세계 어디든 무료로 배송해준다.

기내식을 먹는 즐거움

THE JOYS OF AIRPLANE FOOD

디지털 노마드가 늘어나고 다양한 식당이 끊임없이 생겨나는 지금, 사람들에게 기내식 따위는 더는 매력적이지 않다. 무엇보다 이 음식을 얕보는 시선은 어쩐지 우아해 보인다. 물론 육지에서 볼 때, 기내에서 나오는 음식이 특별해 보이지 않을 수도 있다. 하지만 9144미터 높이에서 푸드 카트가 비행기 통로에 모습을 드러낼 때 기쁨을 억누를 수 있는 사람은 그저 고집쟁이일 뿐이다.

누구나 식사 시간을 고대한다. 먹는다는 건 인생의 커다란 즐거움 중 하나다. 특히 몇 시간 동안 좁고 불편한 의자에 꼼짝없이 갇혀 애덤 샌들러가 주인공으로 나오는 영화를 작은 스크린으로 보다가 점심이나 저녁 식사가 나오면 누구나 당연히 기대에 부푼다. 장거리 비행을 해본 사람이라면 군침이 도는 음식 냄새가 처음으로 기내를 가득 채울 때 저절로 찌뿌둥한 몸의 상태도 잊게 되는, '파블로프의 조건반사 순간'을 즐겁게 기억할 것이다. 음식이 나오면 승객들은 몸을 바로 세우며 웅성거린다. 은박지로 덮인 파스타와 치킨, 버터와 함께 나오는 롤빵, 양상추 몇 잎, 초콜릿 푸딩이 담긴 플라스틱 그릇을 꺼내는 승무원에게 수백 개의 눈동자가 고정된다. 단지 비행 중의 지루함과 불편함에서 잠시 벗어난다는 이유만으로 이토록 모두가 기내식이 나오는 시간을 학수고대하는 걸까?

리처드 포스는 캘리포니아에서 음식 및 문화사를 연구하는 학자로 『공중에서와 우주에서의 음식: 하늘에서 맛보는 식음료의 놀라운 역사Food in the Air and Space: Surprising History of Food and Drink in

the Skies』의 저자다. 포스는 이 질문에 답하려면 하늘을 난다는 특별한 경험에 대해 근본적으로 생각해봐야 한다고 말한다.

"기내식의 매력은 비행 중인 인체의 생리와 관련이 있다고 생각합니다. 비행기를 아무리 자주 탄다고 해도, 비행기를 탈 때마다 우리 몸은 긴장합니다. 부자연스럽고 낯선 환경에 놓이게 되지요. 지구상의 그 어떤 환경과도 닮지 않은, 깡통 같은 기체 안에 갇혀 있는 겁니다. 기내의 승객들의 마음은 각자 서로 다른 불안으로 가득 차 있습니다. 낯선 사람들에게 둘러싸여 있다는 불편함에 어떤 면에서는 약간 아드레날린이 솟구치기도 하죠. 그런 상태에서 식사는 위로가 됩니다. 가만히 앉아 음식을 섭취하는 것은 가장 일상적인 행동이기 때문에 '정상적'이라는 느낌을 주지요."

기내식의 맛은 '정상성 또는 평범함'을 전달하기 위해 적극적으로 조작되었다. 메뉴 구성은 탄수화물이 많고 일반적으로 실험적인 조합도 아니다. 포스는 이렇게 말한다. "기내식은 기본적으로 편안함을 주려고 합니다. 만약 당신이 낯설고 색다른 맛이 어우러진 음식을 좋아한다면, 기름지고 자극적인 다른 음식을 먹으면 되겠지요. 하지만 아무리 기름지고 자극적인 음식을 좋아하는 사람이라도 비행기 안에서는 먹기 힘들 겁니다. 제대로 먹을 수가 없을 거예요. 기내식의 편안함은 모두 계획적인 의도입니다."

아늑하고 따뜻한 저녁 식사와 함께 작은 와인 한 병을 즐기고 있다면, 당신의 몸은 스스로 꽤 괜찮은 곳에 있다고 느낀다. 인류가 비행기에서 먹은 최초의 음식 또는 음료는 1783년 최초의 수소 열기구에서 내놓은 샴페인 한 병이었다. 당시 벤저민 프랭클린과 프랑스 왕 루이 16세를 포함한 파티 일행에게 제공되었다. 당시에도 이 음료의 목적은 승객들로 하여금 편안함과 즐거움을 느끼게 해주는 것이었다. 커다란 수소 기구 안에서, 즉 죽을지도 모르는 상황에서 우아하게 샴페인을 마시는 건 멋

"기름지고 자극적인 음식을 좋아하는 사람이라도 비행기 안에서는 먹기 힘들 겁니다. 제대로 먹을 수가 없을 거예요. 기내식의 편안함은 다 계획적인 의도입니다."

진 일이다.

항공 여행 시간이 점점 길어짐에 따라 승객에게 음식을 제공해야 할 필요성은 더욱 커졌다. 초창기 항공 여행 비용은 천문학적으로 비쌌기 때문에 승객들은 참치 샌드위치와 땅콩 몇 개를 제공받는 걸로는 절대 만족하지 못했다. 그러나 승객에게 뜨거운 음식과 음료를 내가는 것은 쉬운 일이 아니었다. 음식을 데우면 화재의 가능성이 커지는데, 화재는 항공기에서 가장 위험한 요소이기 때문이다.

이 문제를 해결하려 시도하면서 다양한 혁신이 이루어졌다. 생석회로 요리하는 틈새시장도 있었다. 생석회와 물을 합쳐 화학반응을 일으키고 그 부산물로 생성되는 열을 사용하는 뛰어난 오븐도 만들어졌다. 이로써 불 없이 커피를 데울 수 있었다. 특히 지난 70년 동안 오븐을 사용해온 대부분의 사람에게 매우 친숙한 방법이었다.

제2차 세계대전 중에 미군은 불편한 비행 때문에 부대원들이 탈수 증세를 경험하고 컨디션이 엉망인 상태로 유럽에 도착한다는 사실을 깨달았다. 포스는 이렇게 말한다. "높은 고도를 나는 비행기 안에서 미 육군은 기내에서 음식을 데울 방법을 개발할 기업을 찾기 위해 군사 입찰을 진행했습니다. 이때 로스앤젤레스의 한 기업가가 뜨거운 공기를 순환시켜 음식을 균일하고 빠르게 가열하는 컨벤션 오븐을 발명했지요."

제2차 세계대전 이후, 항공 여행의 황금기 동안 고객의 기대치는 말 그대로 하늘로 치솟았다. 1978년 이전에는 미국 정부가 여행 비용을 규제했기 때문에, 항공사가 고객을 확보하기 위해 할 수 있는 방법은 경쟁사보다 더 나은 서비스를 제공하는 것뿐이었다. 이로써 '항공 서비스'의 새로운 시대가 열렸다. 웨스턴항공에서는 승무원이 빨간색 사냥 재킷을 입고 나팔과 개 짖는 소리를 녹음한 테이프를 틀고 통로를 지나가는 서비스인 이른바 '사냥 후 아침 식사 이벤트'도 있었다. 포스는 당시를 이렇게 회상한다. "코셔부터 유당이 없는 음식, 힌두교 채식주의자용 음식에 이르기까지 20여 가지의 다양한 식사가 가능했어요. 금요일에 가톨릭 국가로 비행기를 타고 간다면, 신선한 해산물을 먹을 수도 있었지요."

역사적으로 비행기에서 식사하는 것은 사치스러운 일이었다. 이제 그 축소판으로, 기내식의 기쁨은 기본적으로 즐거움을 주는 음식 그 이상이다. 물론 최고의 미식을 즐길 수 있는 세계 곳곳 레스토랑의 다른 코스 요리도 있겠지만, 비행기에서는 그저 따뜻한 식사로 완벽하다. 결국 비행기에서 기내식을 먹는 즐거움은 여행의 즐거움 그 자체로 귀결된다.

느리게 여행하는 법

HOW TO TRAVEL SLOWER

스웨덴에서 비행기 탑승을 자제하자는 운동이 시작되었다. 스웨덴어로 이를 플뤼그스캄flygskam이라고 부르는데, 글자 그대로 옮기면 비행기를 타고 여행하는 것을 수치스럽게 생각한다는 뜻이다.

이 운동을 옹호하는 사람들은 탄소 배출량 감소를 목표로 하며, 항공 여행의 대안을 생각해보라고 촉구한다. 그레타 툰베리는 이 운동을 앞장서서 이끄는 활동가로, 다음과 같은 통계를 내세우며 지지자들을 모았다. 우선 비행기는 전 세계 온실가스의 2.5퍼센트를 배출한다. 스위스 은행 UBS에 따르면 항공 여행은 매년 4~5퍼센트씩 늘어나고 있으며, 15년마다 두 배로 증가하고 있다. 그대로 놔두면 기후변화 때문에 2100년까지 해수면이 0.5미터~1.8미터로 상승할 것이다. 몇몇 국가는 완전히 바다 밑으로 가라앉아 대규모 이주가 불가피할 뿐만 아니라, 지구온난화로 인해 항공 여행 자체가 붕괴할지도 모른다. 키웨스트(약 1.5미터) 및 베네치아(약 2미터)의 공항들이 곧장 위험에 처할 수 있다.

다행히도, 플뤼그스캄은 이미 상당한 효과를 보았다. 독일에서는 이 운동을 플루크샴flugscham이라고 부르는데, 독일의 경우 2018년 11월~2019년 11월에 국내 항공편이 12퍼센트 감소했다. 같은 기간 동안 국영 철도 운영사인 도이치반은 기록적인 승객 증가를 보고했다.

현재 철도 기술이 놀라우리만치 발달했기 때문에 이제 비행기를 타는 건 더더욱 부끄러운 일로 느껴진다. 밀라노에서 로마까지 가는 노선은 과거에는 이탈리아에서 가장 붐비는 항공 노선이었지만, 현재는 롬바르드 과수원과 토스카나 언덕을 시속 약 300킬로미터의 속도로 가로지르는 열차가 운행 중이다. 열차의 스마트 클래스에 타면 가죽 안락의자에 앉아 접이식 책상과 무료 와이파이를 이용해 업무를 볼 수도 있다. 클럽 클래스 고객은 라운지를 이용할 수 있고 우선 탑승이 가능하며, 아페리티보를 먹으며 개인 화면으로 영상을 볼 수도 있다. 밀라노 도심에서 로마 도심까지 가는 데 3시간밖에 걸리지 않는다. 보안 검색, 수하물 수취 과정 및 공항에서 시내로 들어가는 교통 혼잡을 고려하면 제트기보다 훨씬 빠르다. 이처럼 도시와 도시를 편리하게 이어주는 철도가 있다면 마드리드에서 바르셀로나로, 이스탄불에서 앙카라로, 파리에서 마르세유로 갈 때 굳이 비행기를 타고 갈 사람은 그리 많지 않을 것이다.

흥미롭게도, 세계에서 가장 분주한 항공 노선 20개 중에서 18개가 국내선이다. 기차의 속도는 더 빨라지는 데 반해(중국은 현재 시속 약 595킬로미터 경로를 테스트하고 있다) 비행기는 그렇지 못하므로, 가장 붐비는 항공 노선의 교통량이 잠재적으로 줄어들 수 있다. 현재 연간 항공 승객이 1000만 명에 달하는 도쿄-삿포로 구간, 연간 200만 명이 이용하는 자카르타-수라바야 구간 두 곳에서 고속철도 건설 프로젝트가 진행 중이다.

기차를 타고 가는 여행은 인생의 기쁨이 될 수 있다. 재개통된 캄보디아의 프놈펜에서 태양이 내리쬐는 해안의 시아누크빌까지의 노선에서는 빈티지 독일 기차가 1970년대 크메르루즈가 캄보디아 국경을 봉쇄한 이후 거의 사용되지 않던 선로를 따라 덜거덕거리며 달린다. 이 작은 기차는 오징어 맛 감자 칩을 파는 시골 마을에 정차한 후 정글의 풍경을 따라 칙칙폭폭 힘겹게 나아간다. 평생 잊지 못할 추억을 선사할 이 여행의 기차표는 공항에서 파는 샌드위치값밖에 안 되는 28리엘(약 7달러)이다.

노르웨이에서 가장 긴 여객 열차는 트론헤임과 보되 사이를 운행한다. 약 724킬로미터에 달하는 피오르와 숲의 향연은 무척이나 감동적이어서 노르웨이 방송국은 슬로 TV 스페셜에서 10시간 동안의 전체 여정을 모두 상영할 정도다. 이런 멋진 풍경을 감상할 수 있는데도 기차표 가격은 300크로네(약 34달러)에 불과하다. 과연 더 많은 비용을 지불하고 비행기를 탈 이유가 있을까?

소셜미디어가 특정 철도 노선을 살린 경우도 있다. 1310킬로미터에 달하는 튀르키예 동부의 특급 노선은 원래 폐쇄될 계획이었지만 인스타그램 사용자들이 깜빡이 꼬마전구, 와인병 등으로 멋지게 장식된 기차 침실을 포스팅하기 시작하고, 기차 지붕에 액션캠 고프로를 설치했다. 30시간 코스의 이 특급 노선 공식 인스타그램 계정은 현재 40만 명의 팔로워를 보유하고 있다. 기차표는 항상 빠르게 매진된다.

기차 여행 가이드《더 맨 인 시트 61 The Man in Seat 61》을 운영하는 기차 애호가 마크 스미스는 지난 20년 동안 철도의 부흥을 이렇게 기록했다. "저는 2001년에 seat61.com을 시작했어요. 당시 사람들은 비행기가 아닌 기차로 여행하고 싶은 이유를 말할 때 일반적으로 비행기 공포증을 언급했습니다. 제가 1980년대에 여행을 시작했을 당시만 하더라도 기후변화는 그렇게 큰 문제가 아니었어요. 그런데 오늘날 승객들은 제게 두 가지 이유를 동시에 이야기합니다. 사람들은 항공기의 대안을, 그리고 탄소 발자국을 줄이기를 원합니다." 스미스는 느린 여행을 지지하는 두 번째 요점을 이렇게 설명한다. "저는 여행을 좋아해요. 목적지가 어디든 상관없어요. 여행 그 자체를 좋아합니다. 기차와 배는 여행의 과정을 느끼게 해주고, 우리를 인간으로 느끼게 해주죠. 좁은 좌석에 앉아 안전벨트에

묶여 꼼짝달싹 못 하는 게 아니라 일어서서 걷고, 침대에서 자고, 식당 칸에서 음식을 즐길 수 있어요." 영국에서 출발하는 브리타니 페리의 노선에는 해양 보호 자선단체 ORCA의 야생 동물 자원봉사자가 탑승하고 있어, 승객들이 여행 도중에 참고래와 줄무늬 돌고래를 찾아볼 수 있게 해준다. 스미스는 이렇게 말한다. "제가 하고 싶은 말은 '지구를 위해 고생한다'는 마음을 먹지 않아도 된다는 거예요. 육로 여행은 오히려 스스로에게 득이 되니까요." 그렇다면 항공 이용이 계속 증가하는 이유는 뭘까? 유로스타가 런던에서 암스테르담까지 단일 노선을 추가하는 데 10년이 걸렸다. 반면 세계 최대의 국제 항공사인 라이언에어는 일반적으로 매년 수백 개의 새로운 노선을 새로이 추가한다. 열차 쪽은 늘 투자가 부족하다. 전미 여객 철도공사 '암트랙'의 야간열차는 아메리카 대륙을 종횡으로 누비지만, 허름한 시설과 불친절한 서비스로 악명이 높다. 뉴욕에서 보스턴까지의 주요 노선은 평균 시속 109킬로미터밖에 안 된다. 치타가 달리는 속도보다 느린 수치다.

다행스럽게도, 변화가 일어나고 있다. 브뤼셀에서 빈으로 가는 나이트 제트 야간열차가 최근 17년 만에 재개되었다. 런던과 파리, 그리고 부다페스트와 베오그라드의 양쪽을 연결하는 대륙 횡단 여행 옵션을 제공한다. 2022년까지 오스트리아 철도가 운영하는 야간 서비스에는 캡슐 호텔처럼 보이는 미니 스위트 객실 칸도 포함되어 있다. 또 다른 새로운 야간열차는 말뫼와 코펜하겐을 거쳐 스톡홀름과 베를린을 연결한다. 도쿄에서 서해안으로 가는 선라이즈 세토는 일본 유일의 침대 열차다.

플뤼그스캄은 또한 여행자들에게 자신의 탄소 발자국을 더욱 폭넓게 살펴보고, 온실가스의 28퍼센트를 차지하는 전반적인 운송 시스템을 줄이라고 채근한다. 어떤가, 항공 여행을 떠나기가 부끄러운가? 덧붙여, '비밀 비행'으로 탈출하는 것은 답이 되지 못한다는 점을 명심하자.

GPS의 장단점

THE PROS AND CONS OF GPS

도시 사람들은 오랫동안 그곳에서 살면서도 얼키설키 얽힌 복잡한 도로에서 이따금 방향 감각을 잃기도 한다. 내 경우는 10년을 살았는데도 마찬가지다. 런던 중심부에 있는 소호 지역을 예로 들어보자. 도로와 차선이 어찌나 복잡한지, 도로를 다 꿰고 있다고 알려진 블랙캡 택시 운전사들조차 길을 착각하지 않기 위해 종종 암기법에 의존하는 경우가 많다. 'Good For Dirty Women'은 그리크, 프리스, 딘, 워더Greek, Frith, Dean and Wardour 등 악명 높은 길의 첫머리 글자를 따서 만든 말이다. 'Little Apples Grow Quickly Please'는 인근 레스터 스퀘어에 있는 여러 극장의 위치를 뜻한다. 대도시를 여행하는 사람은 그저 기억이나 시각적 단서에서 끌어낸, '마음속 자그마한 끌림'으로 길을 찾아오곤 했다.

그러니까, GPS가 등장하기 전까지는 그랬다는 말이다. 오늘날, 스마트폰의 보급 덕분에 대부분의 사람은 주머니에 슈퍼컴퓨터를 가지고 돌아다닌다. 놀랍다. 스마트폰만 있으면 누구나 인공위성에 쉽게 접근할 수 있어 길을 잃을 일이 없다. 정말이지 멋진 시스템이다. 누구든, 어느 도시에서든, 애플리케이션을 열고 커서가 화면에 나와 방향을 제대로 가리킬 때까지 기다리면 쉽게 길을 찾을 수 있다. 길을 보여주는 파란색 선은 최소한의 시간으로 최대한 번거롭지 않게 목적지를 알려준다.

그런데 GPS 없이 약간의 번거로움을 즐기면 어떨까? 누구도 도로 위의 교통체증을 일부러 선택

하지 않겠지만, GPS 없이 길을 찾아가는 과정에 대해서는 할 말이 있다. 우선, 이것을 아날로그 내비게이션이라고 불러보자. 아날로그 내비게이션은 내비게이터가 수행하는 작은 선택의 연속으로 이루어진다. 과학적 연구에 따르면, 이런 선택은 실제로 우리에게 도움이 된다. 앞에서 언급한 런던 블랙캡 운전사들의 경우를 보자. 운전사들은 GPS에 의존하지 않으며, 엄격한 학습 과정과 시험을 거쳐야 면허를 딸 수 있다. 이 프로그램은 세계에서 가장 힘든 택시 훈련으로 평가받는데, 교육을 마치려면 약 3년이 걸린다. 시험에 통과하려면 도심에서 반경 10킬로미터 이내의 2만 5000개 거리를 익혀야 하며, 320개 각각의 경로에 대한 문제를 맞춰야 한다.

2000년 유니버시티칼리지 런던의 놀라운 연구에 따르면, 블랙캡 택시 운전사들은 다른 사람들보다 대뇌 측두엽 해마의 크기가 크며, 뇌의 이 부분은 택시를 모는 동안 계속해서 커진다고 한다. 이러한 연구 결과는 인지 과학자들을 단번에 매료시켰다. 그들은 이 결과가 도시를 경험하는 방식에도 영향을 미칠 것이라고 여긴다. 유니버시티칼리지 런던에서 박사 학위를 취득한 에바 마리아 그리스바우어는 이렇게 말한다. "런던 지리에 해박한 블랙캡 택시 기사 몇몇과 이야기를 나눴는데, 기사들은 모두 비슷하더라고요. 런던의 어떤 특정 장소로 가달라는 요청을 받으면, 운전사들은 즉시 그곳에 가는 방법을 곧바로 아는 것 같았어요. 마치 자기가 사는 동네에서 움직이듯이 말이죠. 예를 들면, 우리는 자기 동네의 슈퍼마켓이나 보건소 또는 치과가 어디에 있는지 잘 압니다. 실제로 어느 길로 갈까 생각하거나 지도에서 찾을 필요 없이 목적지에 갈 수 있죠." 그리스바우어는 이것이 택시 운전사에게는 도시 전체가 자기가 사는 동네와 같다는 뜻이라고 말한다. 지도나 인공위성에 의존하지 않고 두뇌를 지속해서 탐색에 사용해야만 이런 수준의 경험에 도달할 수 있는 것이다.

"길을 잃는 건 인생에서 맛볼 수 있는 커다란 스릴 중 하나입니다. 길을 잃으면 놀라운 일이 일어나지요. 그러니까, 낯선 사람에게 길을 물어보면 안 될 이유가 없잖아요."

우리의 인지 능력을 내비게이터처럼 사용해 어떤 곳이든 자신의 영역으로 만들 수 있다니, 퍽 멋지지 않은가? 이 결과는 스마트폰 대신 기억에 의존하는 게 이따금 유익하다는 뜻이기도 하다. 뉴욕에서 활동하는 디자이너이자 지도 제작자인 아치 아르캄볼트는 이 아이디어를 바탕으로 '마음의 지도'를 만들었다. 이 지도(물론 종이다)는 어떤 장소의 '큰 그림'을 개략적으로 보여준다. 사용자가 탐색하는 데 도움이 되도록 특별히 설계된 건 아니지만, 도로, 강, 랜드마크 등 그 장소를 가장 잘 정의해주는 요소를 표시한다.

이 지도는 스마트폰 맵 애플리케이션과는 반대로, 뒷주머니에 집어넣는 것보다는 벽에 액자로 걸어두는 게 더 적합하다. 도시의 복잡한 디테일을 미학적으로 표현하고 그 모습과 느낌까지 보여주기 때문이다. 아르캄볼트가 지적했듯이, 지도는 단순히 어딘가에 도착하는 것 그 이상의 무언가를 의미한다. 아르캄볼트는 이렇게 말한다. "인공위성 덕분에 길을 잃지 않는 건 정말 좋은 일이긴 하죠. 하지만 다른 한편으로, 길을 잃는 건 인생에서 맛볼 수 있는 커다란 스릴 중 하나입니다. 길을 잃으면 놀라운 일이 일어나지요. 그러니까, 낯선 사람에게 길을 물어보면 안 될 이유가 없잖아요. 이러한 사소한 상호작용은 사회가 엉망이 아니며 사람들이 일반적으로 선하고 나름대로 특별한 지식을 가지고 있다는 확신을 심어주지요."

길을 잃는 위험을 무릅쓰면 장소에 대한 새로운 정보를 찾는 데 도움이 될 수도 있다. 그리스바우어가 지적했듯이, 택시 기사가 도시 전체를 자신이 사는 동네처럼 속속들이 알기 위해서는 정말 열심히 노력해야 한다. 그리스바우어는 이렇게 말한다. "이 정도 수준의 지식을 얻으려면 수년간의 훈련과 공부가 필요합니다. 하지만 그 정도 수준에 이르게 된 건 도시에 대한 열정이 있었기 때문입니다. 자신이 사랑하는 도시가 어떻게 연결되어 있는지를 전부 안다는 건 정말 대단한 일이죠."

나는 햄스테드 히스에서 혼자 여유롭게 산책을 즐긴다. 런던 북부의 약 320헥타르에 달하는 고대 녹지 공간인데, 처음으로 그곳에 갔을 때 휴대전화가 잘 터지지 않아 길을 잃었다. 그러나 결국 다시 제자리로 돌아오는 방법을 터득했다. 길을 따라 발길 닿는 대로 진흙투성이의 삼림지대, 연못 주변, 언덕을 올랐다. 그 과정에서 거친 잡초들과 야생화만 있는 황야에 대한 새로운 사실을 알게 되었다. 딱따구리가 나무에 구멍을 내는 소리를 처음 들어보았고, 런던의 고층 빌딩을 가장 완벽하게 보려면 어느 언덕에 올라야 하는지도 알게 되었다. 사람이 덜 다니는 길, 즉 붐비는 날에 갈 수 있는 가장 좋은 지름길을 알게 되었다. 교통 소음을 피하기 위해서는 어디까지 가야 하는지도 깨달았다. 몇 년이 지난 지금도 나는 이 모든 걸 확실하게 기억하고 있다. 물론, 기억이 완전하거나 영구적이지 않다는 것도 잘 안다. 택시 운전사의 해마도 은퇴 후에 줄어들기 시작하니까. 그러나 지금도 햄스테드 히스를 걸을 때면, 나는 기쁨, 기억, 나를 위한 길을 선택하려는 열망 외에는 아무것도 의지하지 않고 그저 무의식적으로 걸어간다.

감사의 글

Thank You

킨포크 팀은 이 책을 만드는 데 기꺼이 동참해준 모든 분께 볼티모어에 꽂혀 있는 책의 권수만큼, 조지아에 사는 물고기의 수만큼 감사드립니다. 특히 사진과 인터뷰에 협조해주신 분들께 감사드립니다. 모두 우리를 집으로 반갑게 초대해주고, 이 책의 이야기를 아름답게 전하기 위해 기꺼이 많은 시간과 노력을 내주었습니다. 그 인내와 환대와 관대함에 다시 한번 감사드립니다. 또한 이야기를 잘 포착해 생생하게 전달해준 전 세계 곳곳의 재능 있는 사진작가 및 글 작가에게도 진심으로 감사드립니다. 여러분이 없었다면 우리는 이 책을 세상에 내놓지 못했을 겁니다. 세상을 바라보는 눈과 귀를 킨포크에 제공해주셔서 감사합니다. 함께 작업할 수 있어 영광으로 생각하며, 여러분의 작품을 출판하게 되어 자랑스럽게 여깁니다. 도시 및 야생 파트에서 여행 팁 섹션을 만들어낸 노련한 여행 작가 스테파니 다르 테일러에게 특별히 감사의 말을 전합니다.

킨포크 트래블 크리에티브 팀은 존 번스, 스태판 선드스트롬, 해리엇 피치 리틀, 줄리 프로인트-폴슨으로 꾸려졌습니다. 이 출판물을 디자인하고 사진 촬영을 감독한 스태판에게 특별한 감사를 전합니다. 스태판은 페로제도에서 촬영하다 부상을 입었을 때 치료해준 응급실의 의사에게 꼭 감사의 말을 전하고 싶다고 하는군요.

사내 제작은 수잔 부흐 피터슨과 에디 매너링이 담당했습니다. 순조롭게 진행해주어서 감사합니다. 또한 킨포크의 기타 여러 동료 동료들(박철준, 장성택, 크리스티안 뮐러 안데르센, 세실리 예그센, 알렉스 헌팅)에게도 소중한 의견과 배려심에 고마움을 전합니다.

원서의 표지 모델 제시카 포사다와 우리의 요구를 모두 반영해준 사진작가 로드리고 카르무에가에게 감사드립니다. 표지 촬영 스타일을 맡은 룬 카이퍼스, 헤어와 메이크업을 담당한 마이클 하딩, 세트 디자이너 피비 셰익스피어에게도 감사드립니다.

항상 킨포크를 지원하고 새로운 차원으로 끌어올리는 데 앞장서는 아티산북스의 발행인 리아 로넨에게 무한한 감사를 전합니다. 마찬가지로 아티산북스의 브리짓 먼로 잇킨, 낸시 머레이, 수엣 총, 잭 그린왈드, 카슨 롬바르디에게도 감사를 전합니다. 모두 이 프로젝트 전반에 걸쳐 좋은 아이디어를 내주고 아낌없이 조언해주었지요. 이 책에 생명을 불어넣은 테레사 콜리어, 앨리슨 맥기혼, 에이미 카탄 마이컬슨에게도 감사드립니다.

언제나처럼, 킨포크와 함께 시간을 보내준 독자 여러분께 감사드립니다. 독자 여러분이 이 책을 통해 세상을 새롭게 볼 수 있기를 바랍니다.

CREDITS

WRITERS

아스트리그 아고피안

293-294

리마 알삼마라에

65-66

아미라 아사드

259-260

앤 베이브

27-28

존 바틀렛

37-38

존 번스

11, 343

스테파니 다르크 테일러

330-333

코디 델리스트래티

223-225

다프네 데니스

104-107

톰 파버

101-103

하이디 풀러-러브

301-302

아인 게일리

281-282

아담 그레이엄

229-230

앨리스 한센

91-92

테리 헨더슨

83-84

팀 혼야크

214-217

엘 헌트

137-138

가우리 켈카르

73-74

아나 킨셀라

338-341

알렉산드라 마바르

191-192

프란체스카 마조티

47-48

사라 모로즈

15-16

리나 마운저

171-172

오케추쿠 은젤루

203-204

모니샤 라제쉬

271-272

애셔 로스

108-111

트리스탄 러더포드

319-320, 335-337

알렉스 샴스

147-148

리치 쉬록

57-58

에이글로 스발라
아르나르스도티르

311-312

톰 타일러

181-182

조지 업턴

155-156, 243-244

핍 어셔

115-116, 281-221

나탈리 휘틀

127-128